できる fit

Instagram
（インスタグラム）

&Threads
（スレッズ）

基本＆
やりたいこと

98

田口和裕・いしたにまさき & できるシリーズ編集部

JN212560

インプレス

本書の読み方

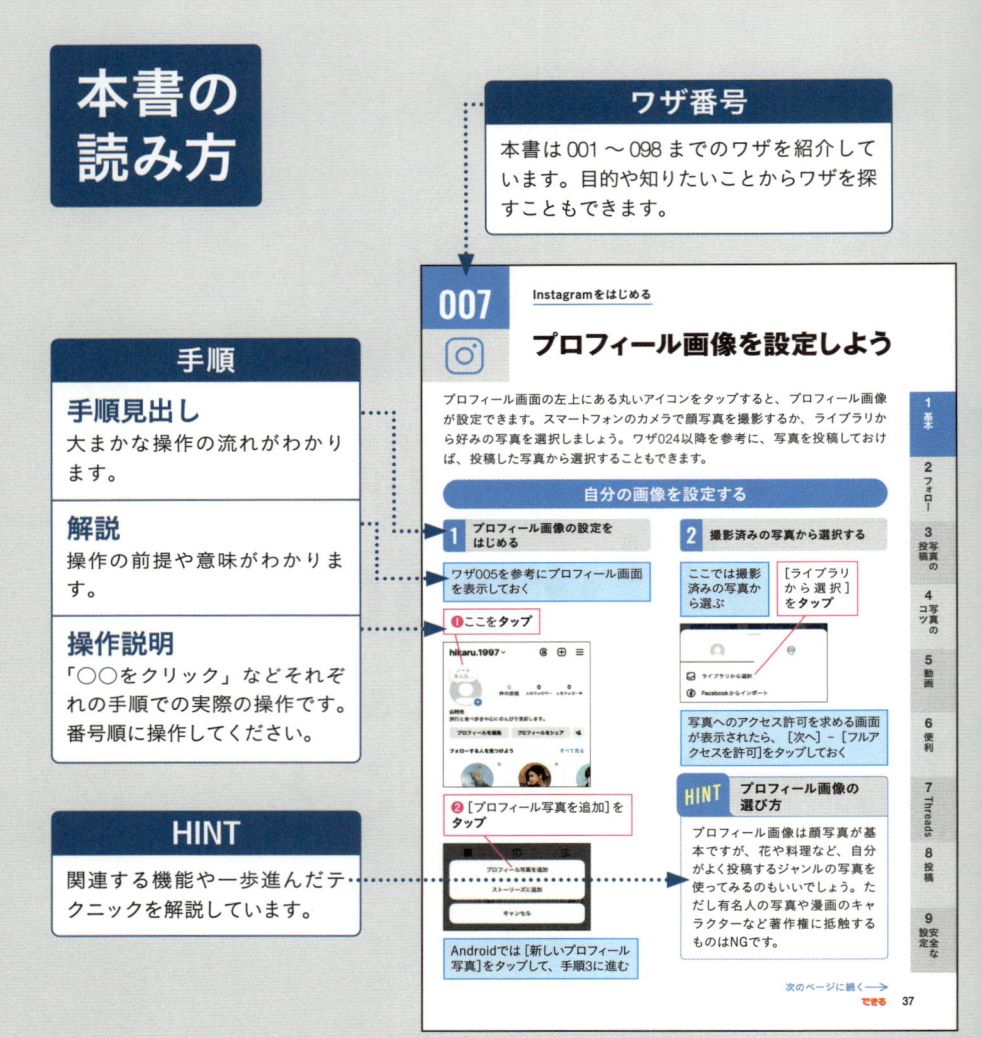

ワザ番号

本書は 001 〜 098 までのワザを紹介しています。目的や知りたいことからワザを探すこともできます。

手順

手順見出し
大まかな操作の流れがわかります。

解説
操作の前提や意味がわかります。

操作説明
「○○をクリック」などそれぞれの手順での実際の操作です。番号順に操作してください。

HINT

関連する機能や一歩進んだテクニックを解説しています。

※ここに掲載している紙面はイメージです。実際のワザのイメージとは異なります。

本書に掲載されている情報について

・本書で紹介する操作はすべて、2024 年 8 月現在の情報です。
・本書では、Windows 11 もしくは macOS がインストールされているパソコンで、インターネットに常時接続されている環境を前提に画面を再現しています。また iOS 14.4 が搭載された iPhone 14、Android 13 が搭載された AQUOS wish SHG06 を前提に画面を再現しています。
・本文中の価格は税抜表記を基本としています。

まえがき

　本書で取り上げる Instagram は、いまや世界中で普及している写真共有 SNS です。

　サービス開始当初から、インスタントカメラをモチーフに、あえて正方形のフレームに限定したり、フィルム写真風のノスタルジックなフィルターを多数用意したりと、おしゃれでスタイリッシュなところが写真好きのユーザーに支持されてきました。

　2012 年に Facebook による買収が発表されてから本格的にユーザーが増えはじめ、2016 年 12 月にはユーザー数 6 億人と、世界最大規模のスマートフォン用写真共有 SNS となっています。

　現在も利用者は増加しており、2022 年 10 月時点で 20 億人を超える月間アクティブユーザー数（MAA）を誇っています。

　テキストベースの X（旧 Twitter）や LINE と異なり Instagram のコミュニケーションは写真や動画がメイン、つまり言葉のいらないコミュニケーションです。友達同士でお気に入りの写真を見せ合って交流するのはもちろんですが、ハッシュタグのような仕組みを使い、世界中のユーザーにも写真や動画をアピールできるのが最大の魅力でしょう。

　また、2023 年 7 月には Instagram の親会社 Meta から X の対抗馬となる新しい SNS「Threads」が発表されました。テキストや画像、動画の共有を中心とした、カジュアルなコミュニケーションの場として注目を集めるこのアプリ。本書ではこちらもいち早く紹介しています。

　本書にはアカウントの取得や友達の作り方といった Instagram、Threads の基本はもちろん、魅力的な写真や動画を撮るための具体的なテクニックまで、豊富な図を使って詳しく解説した 98 のワザが掲載されています。

　Instagram や Threads を楽しむ際に本書を片手に置いて活用してくれれば執筆者一同嬉しく思います。

2024 年 8 月

著者を代表して　田口和裕

目次

第1章 Instagramを使いはじめよう

—— Instagramをはじめる

第2章 ユーザーをフォローして写真を見よう

—— 友達を増やす

第3章 写真を投稿して楽しもう

第5章 動画を楽しもう

用語集

InstagramやThreadsなどのSNSには聞きなれない用語があります。ここでは覚えておきたい用語を簡単に解説しました。

SNS の用語	
アカウント	英語で「口座」を意味する単語で、インターネット上のサービスを利用できる権利のこと。名前やメールアドレスなどの個人情報を登録しておくことが多い。
いいね！	投稿内容に対してマークを付けて、共感したことを伝える機能。文字でコメントをするよりも手軽に気持ちを伝えられる。Instagram ではハートのマークを使用する。
カルーセル	複数の写真や動画を左右にスワイプして閲覧できる機能。Instagram でも Threads でも、1 つの投稿に最大 10 枚の写真や動画を投稿可能。商品紹介やストーリーテリングに適している。
公式アカウント	企業や有名人、芸能人などがプロモーションのために用意したアカウントのこと。
タイムライン	自分やフォローした相手の投稿内容が、時系列で新しい順に表示される画面のこと。Instagram では「フィード」と呼ばれる。
認証バッジ	なりすましを防ぐため、公式アカウントであることを証明するマーク。Instagram ではプロフィール画面にチェックマークが表示される。一部の著名人、有名人、ブランドにのみ発行される。
パスワード	インターネット上のサービスを利用するときに、本人確認を行うための文字の組み合わせのこと。通常はユーザーネーム（ユーザー ID）とセットで用いる。
フォロー	あるユーザーの投稿内容を購読すること。フォローすると、そのユーザーの投稿内容が自分のフィードに表示されるようになる。
フォロワー	自分をフォローしている人のこと。自分が投稿すると、フォロワーのフィードに投稿内容が表示される。
ブロック	つながりを絶ちたいユーザーをブロックすると、その相手からは自分の投稿内容が見えなくなり、自分のプロフィールを検索することもできなくなる。相手からフォローされていた場合はフォローも解除される。
メンション	SNS で特定のアカウントに対して、なにかしらのアクションが起きたことを知らせるもの。SNS には基本的に必ずあり、その内容は DM、リプライなど多岐にわたる。
ユーザーネーム	サービスを利用する上での名前で、ユーザー ID とも呼ばれる。Instagram では英数字とアンダーバー（_）、コンマ（.）のみが使用できる。プロフィールなどに表示する、日本語の混じった「名前」とは異なる。
ログイン	インターネット上のサービスを利用する際に行う認証の操作のこと。個人のアカウントの情報を利用するために、通常はユーザーネーム（ユーザー ID）とパスワードの組み合わせを入力する。ログオン、サインインなどと呼ばれることもある。

Instagram の用語	
アクティビティ	自分やほかのユーザーの活動状況を表示する画面。自分の投稿に新しく付いた［いいね！］やコメントが付いたり、ほかのユーザーにフォローされたりすると通知が表示される。自分がフォローしている相手が［いいね！］をした投稿や、新しくフォローしたユーザーも確認できる。
位置情報	写真や動画を投稿する際に、撮影場所の地名や施設名などを付けられる機能。投稿された写真や動画には場所のリンクが付き、タップするとその場所で撮影されたほかの投稿が検索できる。公開されているFacebook イベントを位置情報として使うこともできる。
コメント	投稿に対して自分やほかのユーザーがコメントを付けられる機能。「@」の後にユーザーネームを入力すると、ほかのユーザーへあてたコメントができる。
シェア	「共有する」という意味の英語で、写真や動画を投稿すること。
リール動画	最大 90 秒の動画を撮影・編集できる。音楽の追加、テキスト挿入、エフェクトなどの編集ツールが用意されている。ほかのユーザーの動画へのリアクション動画も作成できる。
ストーリーズ	写真や動画を投稿する方法のひとつで、24 時間後に自動的に削除される。写真や動画に手書きしたり、テキストやスタンプを追加することもできる。
タグ付け	人物の写真などに、ほかのユーザーへのリンクを付ける機能。集合写真などでは複数のユーザーをタグ付けしてもいい。自分がタグ付けされた写真は、プロフィールからまとめて表示することもできる。
ハッシュタグ	ハッシュ記号（#）ではじまるキーワード。投稿に付けられたハッシュタグをタップすると、同じタグを含む投稿が検索できる。ひとつの投稿に複数のハッシュタグを付けることもできる。また、ハッシュタグもフォローすることもできる。
フィード	自分やフォローした相手の投稿内容が、時系列で新しい順に表示される画面のこと。一般の SNS では「タイムライン」とも呼ばれる。
フィルター	撮影した写真や動画の色や質感を変えて、さまざまな効果が付けられる機能。古い写真のような色調にしたり、インスタント写真風のフレームを付けたりすることもできる。
プロフィール	自分の名前や自己紹介、投稿などが一覧できる画面。ほかのユーザーのプロフィールを表示すると、フォローをしたりその人の投稿をまとめて見ることができる。
ホーム	Instagram の基本となる画面で、自分やフォローした相手の投稿のフィードが表示される。
メッセージ（ダイレクトメッセージ）	特定のユーザーだけにメッセージを送信する機能。テキストだけではなく音声や写真を送ることもできる。「DM」と略されることが多い。
ライブ動画	ストーリーズの機能のひとつで、Instagram を通してリアルタイムに動画配信ができる機能。ライブ動画の視聴中は、コメントを残したり、ハートマークのスタンプを送ったりできる。

🔍 目的・疑問別索引

第1章

Instagramを使いはじめよう

Instagramをはじめよう

Instagram（インスタグラム）は写真と動画の投稿に特化したSNSです。写真とコメントだけという手軽さから、芸能人やセレブが使いはじめたことで人気に火がつきました。現在も利用者は爆発的に増加しており、2022年10月時点で20億人を超える月間アクティブユーザー数（MAA）を誇っています。

●世界中の人が使う写真共有サービス

Instagramには、ありとあらゆる写真が世界中から投稿されています。自然の風景、都会の建築物、人物やペット、また生活に密着した写真もたくさんあります。あなたも、お気に入りの写真を見つけるだけでなく、自分で撮影した写真を投稿してみましょう。

花やペットの写真、自然の風景など、さまざまな写真が投稿されている

●企業や芸能人が活用するInstagram

Instagramは広告効果が高いため、世界中の企業やブランド、レストランやショップがInstagramのアカウントを開設し情報発信しています。FacebookやXと比べると、画像や動画を使った洗練されたプロモーションが多く楽しませてくれます。また、有名人や芸能人の利用者も多く、貴重なオフショットは見ているだけで楽しいものです。

洗練されたプロモーションや芸能人のオフショットも楽しめる

1 基本

2 フォロー

3 写真の投稿

4 写真のコツ

5 動画

6 活用

7 Threads

8 投稿

9 安全な設定

HINT 利用はすべて無料

高機能な画像加工アプリとしても優秀なInstagramですが、基本的に利用はすべて無料、運営経費はほぼ企業からの広告で捻出されています。ただし、2023年7月に「サブスクリプション」機能が導入され、インフルエンサーやクリエーターがフォロワーから直接収入を得ることが可能になりました。

002

Instagramをはじめる

Instagramで
できることを知ろう

Instagramを使うと、スマートフォンのカメラで撮影した写真や動画をアップロードし、[いいね！]やコメントでほかのユーザーと交流できます。投稿した写真をFacebookやXといったほかのSNSでシェアすることも可能です。豊富に用意されたフィルターで手軽に加工できるのも魅力です。

第1章 Instagramを使いはじめよう

●写真や動画を加工して投稿

Instagramはスマートフォンからの投稿が一般的であり、投稿した写真や動画をInstagram上でさまざまに加工できる機能が用意されています。回転や拡大はもちろん、写真をより魅力的に見せるフィルターも豊富で、鮮やかにしたり、トイカメラ風にしたり、モノクロにしたりできます。

写真をフィルターで加工して投稿できる（ワザ026）

●[いいね！]やコメントで交流

気に入った写真には、どんどん[いいね！]を付けていきましょう。見ず知らずのユーザーの写真にコメントを付けるのは難しいものですが、[いいね！]なら気軽に付けられます。

●[いいね！]の数は非表示も可能

[いいね！]の数はプレッシャーになるので見たくないといった場合、非表示にすることも可能です。

写真に[いいね！]やコメントが付けられる

●検索やハッシュタグを活用する

キーワード検索やハッシュタグを使って好みの写真や動画を見つけることができます。また、自分の撮った写真にハッシュタグを付けておくと、世界中のユーザーに見てもらうことができます。

ハッシュタグという「#」付きのキーワードで趣味の合う投稿を探せる

1 基本
2 フォロー
3 写真の投稿
4 写真のコツ
5 動画
6 活用
7 Threads
8 投稿
9 安全な設定

003

アプリをインストールしよう

Instagramをはじめるために、まずはスマートフォンにアプリをダウンロードしてインストールしましょう。iPhoneでは「App Store」、Androidスマートフォンでは「Google Playストア」から、いずれも無料でInstagramアプリをダウンロードできます。

iPhoneの操作
Android の手順は 22 ページから

[App Store]からアプリをインストールする

1 [App Store]を起動する

ホーム画面で [App Store]
を**タップ**

2 検索画面を表示する

[App Store]が表示された

[検索]を**タップ**

3 アプリを検索する

検索画面が表示された

❶アプリ名（ここでは「instagram」）を**入力**

❷ [instagram] を**タップ**

4 アプリをインストールする

アプリが検索された

❶ [入手]を**タップ**

❷ [インストール]を**タップ**

5 サインインする

[Apple IDでサインイン] 画面が表示される

❶Apple IDのパスワードを**入力**

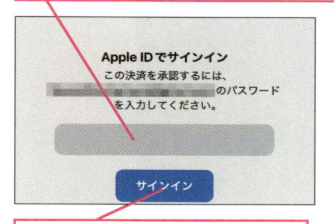

❷ [サインイン]を**タップ**

6 アプリをインストールできた

インストールが終わると [開く]と表示されるので、ここをタップするとダウンロードしたアプリを起動できる

●アプリの起動方法

ホーム画面でアプリのアイコンをタップすると起動する

次のページに続く⟶

1 基本

2 フォロー

3 写真の投稿

4 写真のコツ

5 動画

6 活用

7 Threads

8 投稿

9 安全な設定

[Playストア]からアプリをインストールする

第1章

Instagramを使いはじめよう

1　[Playストア]を起動する

ホーム画面で
[Playストア]
を**タップ**

2　検索画面を表示する

[Playストア]が表示された

[アプリやゲームを検索]を
タップ

3　アプリを検索する

検索ボックスが表示された

❶アプリ名（ここでは「instagram」）
を**入力**

❷[instagram]
を**タップ**

4　アプリのインストールを
はじめる

アプリの画面が表示された

[インストール]を**タップ**

5 アプリをインストールできた

Googleアカウントの設定画面が表示されたら、画面に従って設定を完了する

インストールが終わると［開く］と表示される

［開く］を**タップ**

6 アプリを起動できた

インストールしたアプリが起動した

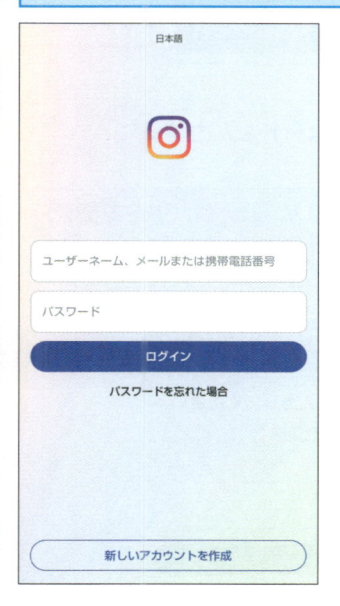

●アプリの起動方法

画面を下から上へスワイプする

画面を右から左にスワイプして、空いたスペースに作成されたアイコンをタップしてもよい

アプリのアイコンをタップすると起動する

1 基本

2 フォロー

3 写真の投稿

4 写真のコツ

5 動画

6 活用

7 Threads

8 投稿

9 安全な設定

004

Instagramの初期設定をしよう

Instagramアプリをインストールしてはじめて起動したら、まずは初期設定を行います。初期設定では携帯電話番号を入力し、ユーザーネームとパスワードを決める必要があります。また、Facebookのアカウントがあれば、そのまま使用することも可能です。

Instagramのアカウントを登録する

iPhoneの操作

Androidの手順は28ページから

1 Instagramアプリを起動する

ワザ003を参考に [Instagram] アプリをインストールしておく

[Instagram] を**タップ**

2 アカウント登録の方法を選ぶ

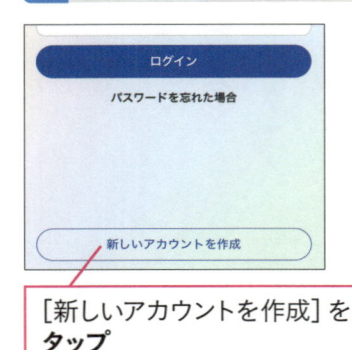

[新しいアカウントを作成] を**タップ**

3 携帯電話の電話番号を入力する

❶携帯電話の電話番号を入力

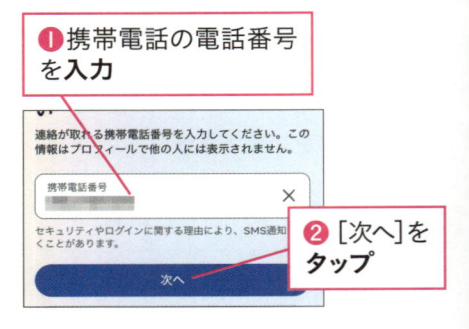

連絡が取れる携帯電話番号を入力してください。この情報はプロフィールで他の人には表示されません。

携帯電話番号

セキュリティやログインに関する理由により、SMS通知くことがあります。

次へ

❷ [次へ] を**タップ**

4 認証コードを入力する

入力した電話番号宛にSMSで認証コードが届くのでメモしておく

❶認証コードを入力

❷ [次へ] を**タップ**

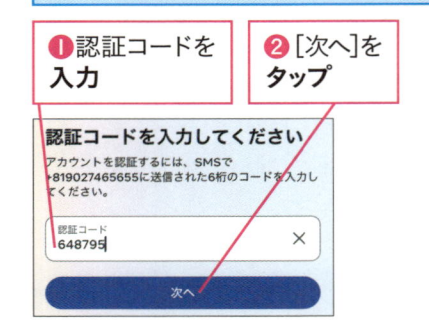

認証コードを入力してください

アカウントを認証するには、SMSで+819027465655に送信された6桁のコードを入力してください。

認証コード
648795

次へ

5 パスワードを入力する

❶パスワードを**入力**

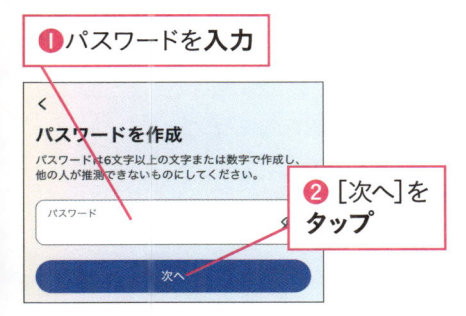

パスワードを作成
パスワードは6文字以上の文字または数字で作成し、他の人が推測できないものにしてください。

❷[次へ]を**タップ**

6 ログイン情報の保存をスキップする

ここではログイン情報を保存しない

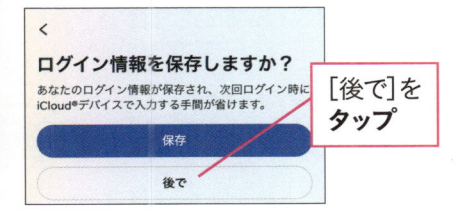

ログイン情報を保存しますか？
あなたのログイン情報が保存され、次回ログイン時にiCloud®デバイスで入力する手間が省けます。

[後で]を**タップ**

7 生年月日を設定する

❶画面下の数字を上下に**スワイプ**して生年月日を設定

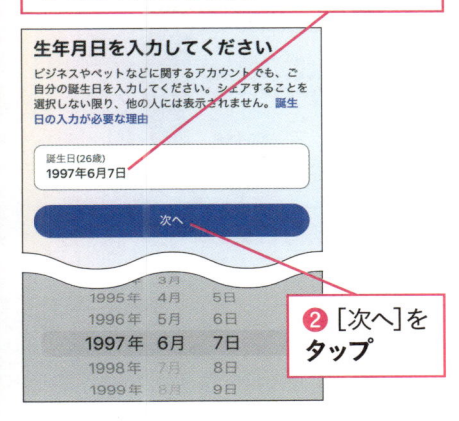

生年月日を入力してください
ビジネスやペットなどに関するアカウントでも、ご自分の誕生日を入力してください。シェアすることを選択しない限り、他の人には表示されません。**誕生日の入力が必要な理由**

誕生日(26歳)
1997年6月7日

1995年	3月 4月	5日
1996年	5月	6日
1997年	**6月**	**7日**
1998年	7月	8日
1999年	8月	9日

❷[次へ]を**タップ**

8 名前を入力する

❶名前を**入力**　　❷[次へ]を**タップ**

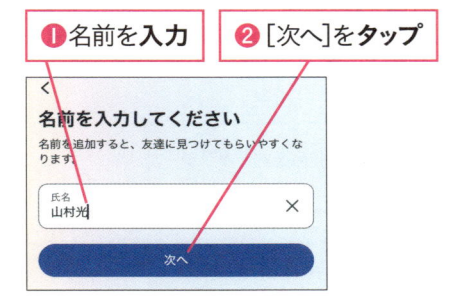

名前を入力してください
名前を追加すると、友達に見つけてもらいやすくなります。

氏名
山村光　　　　　　×

9 Instagramのユーザーネームを設定する

[ユーザーネームを変更]を**タップ**

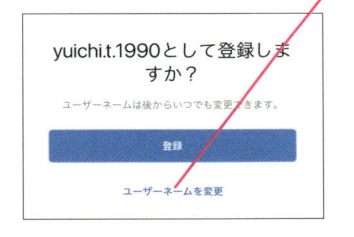

yuichi.t.1990として登録しますか？
ユーザーネームは後からいつでも変更できます。

登録

ユーザーネームを変更

10 ユーザーネームを作成する

❶ユーザーネームを**入力**

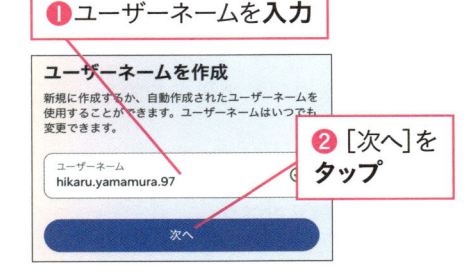

ユーザーネームを作成
新規に作成するか、自動作成されたユーザーネームを使用することができます。ユーザーネームはいつでも変更できます。

ユーザーネーム
hikaru.yamamura.97

❷[次へ]を**タップ**

次のページに続く→

1 基本
2 フォロー
3 写真の投稿
4 写真のコツ
5 動画
6 活用
7 Threads
8 投稿
9 安全な設定

11 利用規約とポリシーに同意する

[規約] と [プライバシーポリシー]
[Cookieポリシー] をそれぞれタップ
して内容を確認しておく

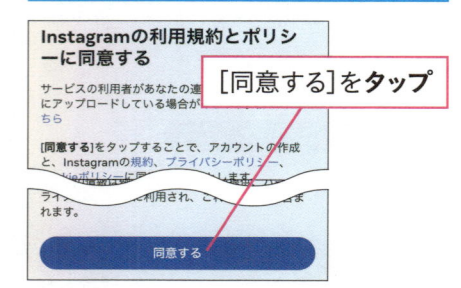

Instagramの利用規約とポリシーに同意する

サービスの利用者があなたの連絡先
にアップロードしている場合が
ちら

[同意する]を**タップ**

[同意する]をタップすることで、アカウントの作成
と、Instagramの規約、プライバシーポリシー、
Cookieポリシーに同意　　　　　　基本データが
ライ　　　　　　　　利用され、これ　　　　　　ま
れます。

同意する

12 プロフィール写真の追加を スキップする

ここではプロフィール写真
を追加しない

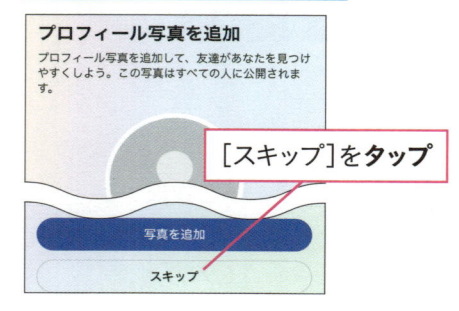

プロフィール写真を追加

プロフィール写真を追加して、友達があなたを見つけ
やすくしよう。この写真はすべての人に公開されま
す。

[スキップ]を**タップ**

写真を追加

スキップ

13 連絡先の同期の設定をする

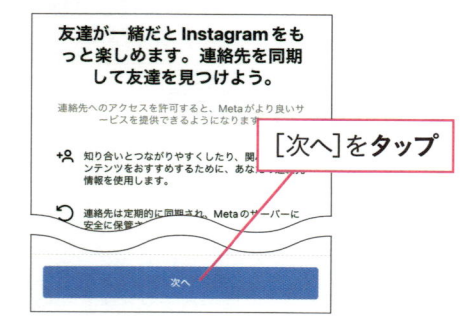

**友達が一緒だと Instagram をも
っと楽しめます。連絡先を同期
して友達を見つけよう。**

連絡先へのアクセスを許可すると、Meta がより良いサ
ービスを提供できるようになります

知り合いとつながりやすくしたり、関心
ンテンツをおすすめするために、あなた
情報を使用します。

連絡先は定期的に同期され、Meta のサーバーに
安全に保管

[次へ]を**タップ**

次へ

14 連絡先の同期をスキップする

ここでは連絡先
を同期しない

[許可しない]
を**タップ**

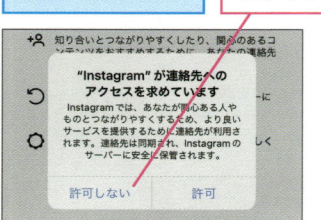

知り合いとつながりやすくしたり、関心のあるコ

**"Instagram" が連絡先への
アクセスを求めています**

Instagramでは、あなたが関心ある人や
ものとつながりやすくするため、より良い
サービスを提供するために連絡先が利用さ
れます。連絡先は同期され、Instagram の
サーバーに安全に保管されます。

許可しない　　　　　許可

15 Facebookの友達検索を スキップする

ここではFacebookの友達
検索をスキップする

Facebook のおすすめを見る

アカウントセンターを利用してFacebookでの知り合いを見つけるこ
とができます。

次へ

スキップ

❶ [スキップ]を**タップ**

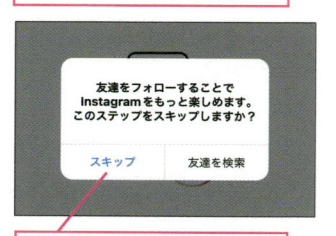

**友達をフォローすることで
Instagram をもっと楽しめます。
このステップをスキップしますか？**

スキップ　　　　友達を検索

❷ [スキップ]を**タップ**

16 ログイン情報を保存する

「ログイン情報を保存しますか?」と表示された

[保存] を **タップ**

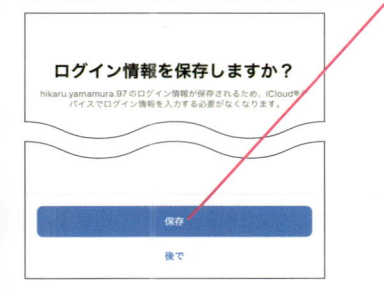

17 ユーザーをフォローする

おすすめのユーザーが自動的に表示される

フォローはワザ010で行うので先に進む

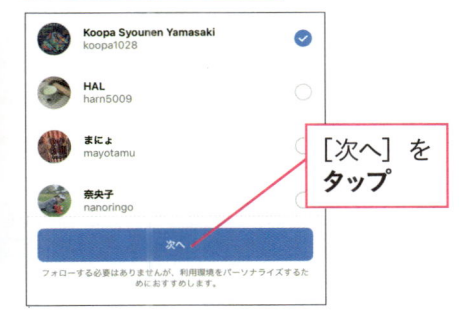

[次へ] を **タップ**

18 通知をオンにするかどうか選択する

ここでは通知をオンにしない

[スキップ] を **タップ**

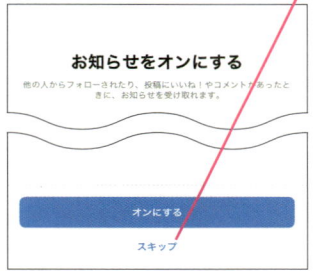

19 Instagramへの登録が完了した

Instagramのホーム画面が表示された

1 基本
2 フォロー
3 写真の投稿
4 写真のコツ
5 動画
6 活用
7 Threads
8 投稿
9 安全な設定

HINT Instagramから通知を受け取る

通知をONにすると、投稿した写真に [いいね!] やコメントが付いたり、ほかの人からフォローされたときなどに通知が表示され、すぐにチェックできます。この設定は後で変更できます。

Androidの操作

iPhone の手順は 24 ページから

第1章

Instagramを使いはじめよう

1 Instagramアプリを起動する

ワザ003を参考に [Instagram]
アプリをインストールしておく

アプリの一覧で [Instagram]
を**タップ**

2 アカウント登録の方法を選ぶ

Instagramが起動した

アカウント登録の方法は、Facebook
でログイン、電話番号で登録、メール
アドレスで登録の3種類が利用できる

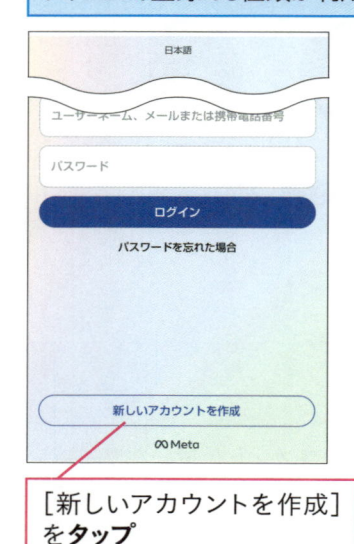

[新しいアカウントを作成]
を**タップ**

3 メールアドレスを入力する

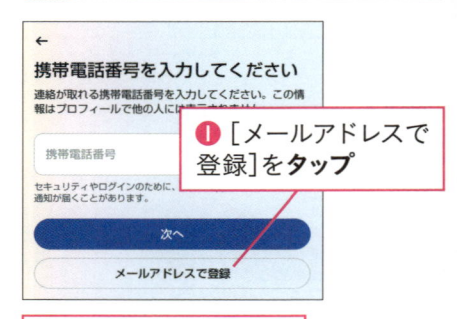

携帯電話番号を入力してください

連絡が取れる携帯電話番号を入力してください。この情報はプロフィールで他の人には表示されません。

携帯電話番号

セキュリティやログインのために、通知が届くことがあります。

次へ

メールアドレスで登録

❶ [メールアドレスで
登録]を**タップ**

❷メールアドレスを**入力**

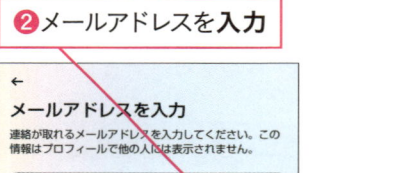

メールアドレスを入力

連絡が取れるメールアドレスを入力してください。この情報はプロフィールで他の人には表示されません。

メールアドレス
hikaru97yamamura@gmail.com ✕

次へ

携帯電話番号で登録

❸ [次へ]を
タップ

4 認証コードを入力する

メールアドレスに認証コードが
届くのでメモしておく

❶認証コードを
入力

❷ [次へ]を
タップ

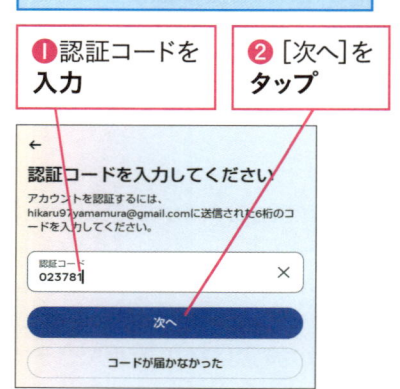

認証コードを入力してください

アカウントを認証するには、hikaru97yamamura@gmail.comに送信された6桁のコードを入力してください。

認証コード
023781 ✕

次へ

コードが届かなかった

5 パスワードを入力する

❶ パスワードを**入力**

❷ [次へ]を**タップ**

パスワードを作成
パスワードは6文字以上の文字または数字で作成し、他の人が推測できないものにしてください。

パスワード
........| 👁

次へ

❸ [保存]を**タップ**

ログイン情報を保存しますか？
新しいアカウントのログイン情報が保存されるため、次回ログインするときにログイン情報を入力する必要がなくなります。

保存

後で

6 誕生日を設定する

❶ 年月日の数字を上下にスワイプして生年月日を**設定**

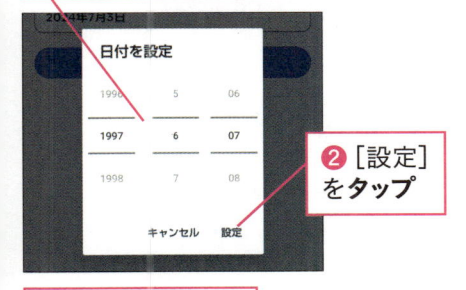

2024年7月3日

日付を設定

1996	5	06
1997	6	07
1998	7	08

❷ [設定]を**タップ**

キャンセル　設定

❸ [次へ]を**タップ**

生年月日を入力してください
ビジネスやペットなどに関するアカウントでも、ご自分の誕生日を入力してください。シェアすることを選択しない限り、他の人には表示されません。誕生日の入力が必要な理由

誕生日(27歳)
1997年6月7日

次へ

7 ユーザーネームを入力する

❶ 名前を**入力**

❷ [次へ]を**タップ**

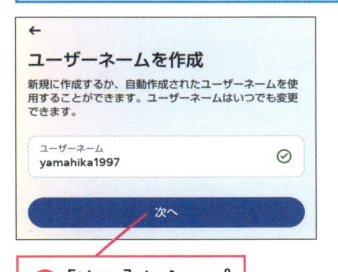

←
名前を入力してください

氏名
yamahika1997　×

次へ

入力した名前が表示される

←
ユーザーネームを作成
新規に作成するか、自動作成されたユーザーネームを使用することができます。ユーザーネームはいつでも変更できます。

ユーザーネーム
yamahika1997　⊘

次へ

❸ [次へ]を**タップ**

8 利用規約とポリシーに同意する

[同意する]を**タップ**

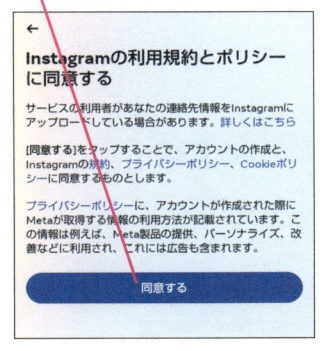

←
Instagramの利用規約とポリシーに同意する
サービスの利用者があなたの連絡先情報をInstagramにアップロードしている場合があります。詳しくはこちら

[同意する]をタップすることで、アカウントの作成と、Instagramの規約、プライバシーポリシー、Cookieポリシーに同意するものとします。

プライバシーポリシーに、アカウントが作成された際にMetaが取得する情報の利用方法が記載されています。この情報は例えば、Meta製品の提供、パーソナライズ、改善などに利用され、これには広告も含まれます。

同意する

1 基本
2 フォロー
3 写真の投稿
4 写真のコツ
5 動画
6 活用
7 Threads
8 投稿
9 安全な設定

次のページに続く→

9 プロフィール写真の設定をスキップする

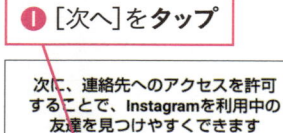

［スキップ］を**タップ**

10 連絡先の同期をスキップする

❶［次へ］を**タップ**

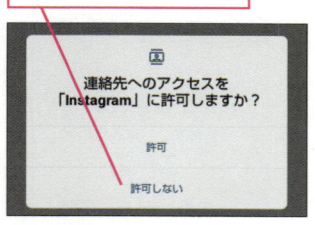

❷［許可しない］を**タップ**

11 Facebookとの同期をスキップする

［スキップ］を**タップ**

表示された画面で［スキップ］をタップしておく

12 フォローの設定をスキップする

❶［スキップ］を**タップ**

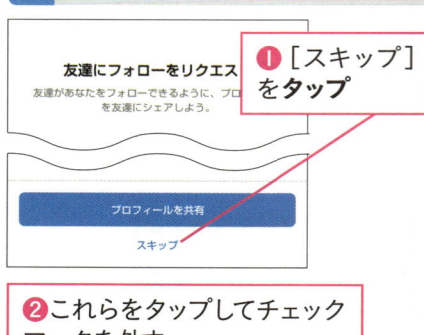

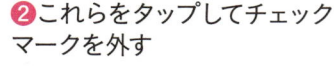

❷これらをタップしてチェックマークを外す

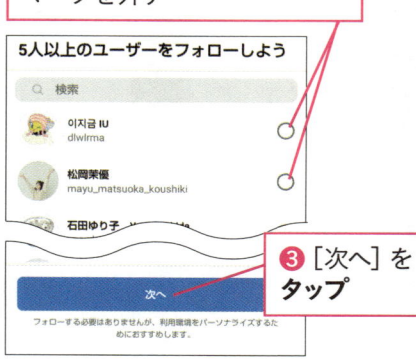

❸［次へ］を**タップ**

Instagramのホーム画面が表示される

プロフィールを登録しよう

Instagramは写真がメインですが、最小限のプロフィールは入力しておきましょう。プロフィール画面では、ユーザーネームや自己紹介を変更したり、ブログやウェブサイトのURLを追加したりできます。また、非公開ですがメールアドレスや電話番号を登録することも可能です。

プロフィールを編集する

1 プロフィール画面を表示する

ワザ003を参考にInstagramを起動しておく

ここを**タップ** ⊙

2 [プロフィールを編集]画面を表示する

プロフィール画面が表示された

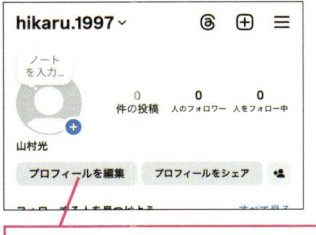

[プロフィールを編集]を**タップ**

3 性別を設定する

[プロフィールを編集]画面では名前やユーザーネーム、ウェブサイト、自己紹介などを設定できる

[アバターの作成]と表示されたら[後で]をタップしておく

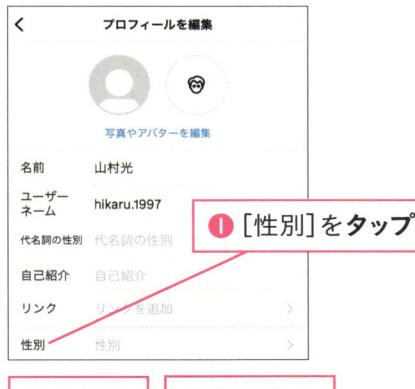

❶[性別]を**タップ**

❷性別を選択

❸[完了]を**タップ**

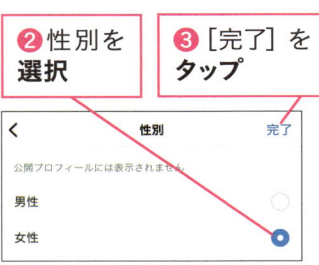

次のページに続く→

1 基本

2 フォロー

3 写真の投稿

4 写真のコツ

5 動画

6 活用

7 Threads

8 投稿

9 安全な設定

4 自己紹介を入力する

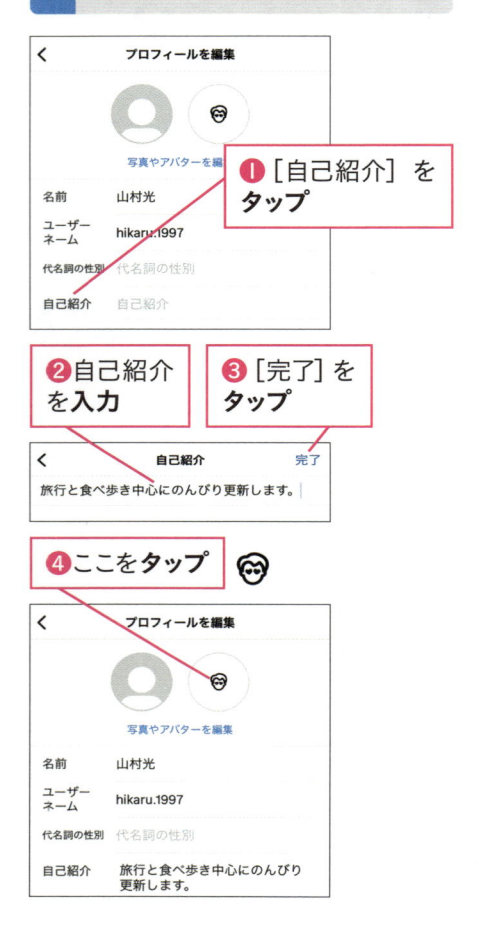

❶[自己紹介]を**タップ**

❷自己紹介を**入力**

❸[完了]を**タップ**

❹ここを**タップ**

5 プロフィールを登録できた

入力したプロフィールが表示された

パスワードを変更するには

プロフィール画面の右上でアイコンをタップし、[設定とアクティビティ]画面から[アカウントセンター]に入り[パスワードとセキュリティー]から新しいパスワードを入力します。

❶ここを**タップ**

[アカウントセンターに移動しました]と表示されたら[OK]をタップしておく

❷[アカウントセンター]を**タップ**

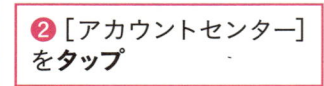

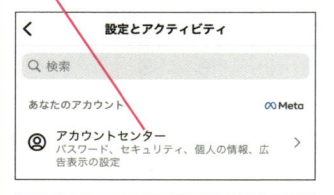

❸[パスワードとセキュリティ]を**タップ**

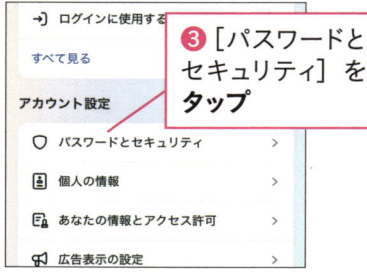

[パスワードとセキュリティ]画面で[パスワードを変更]をタップして、パスワードを変更する

Instagramの画面を確認しよう

Instagramアプリを起動すると最初に表示されるのが［ホーム］画面です。ここには友達が投稿した写真が新しいものから順に表示されます。ほかにも［検索］画面、［カメラ］画面、［アクティビティ］画面、［プロフィール］画面があります。それぞれの役割を確認しておきましょう。

Instagramアプリの画面構成

❶［ホーム］画面
フォローしているユーザーの投稿を表示する

❷［検索］画面
Instagram上で人気の写真やユーザーを検索する

❸［新規投稿］画面
通常の投稿のほか、ストーリーズ、リール、ライブの投稿ができる

❹［リール］画面
最大90秒の短尺動画の投稿ができる

❺［プロフィール］画面
自分の投稿した写真が一覧で表示される

❻［ストーリーズ］画面
24時間で消える写真や動画を投稿する

❼［アクティビティ］画面
自分に届く通知を表示する

❽［メッセージ］画面
ダイレクトメッセージを送信する

次のページに続く──➡

❶ [ホーム] 画面

フォローしているユーザーと自分の投稿が表示される

❷ [検索] 画面

Instagram上で人気の写真を見たり、ユーザーやハッシュタグを検索したりできる

❸ [新規投稿] 画面

[新規投稿] 画面では効果をつけたり、編集したりできる

❹ [リール] 画面

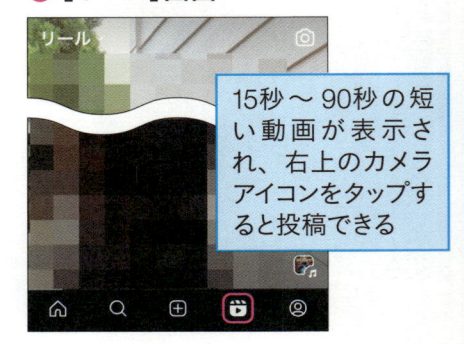

15秒〜90秒の短い動画が表示され、右上のカメラアイコンをタップすると投稿できる

HINT　ロゴマークをタップすると

[ホーム] 画面の左上にあるInstagramのロゴマークをタップすると、フォローしているアカウントの最近の投稿をチェックする「フォロー中」機能と、親しい友達や好きなクリエイターなどを登録できる「お気に入り」機能を使うことができます。

❺ [プロフィール] 画面

❻ [ストーリーズ] 画面

24時間限定の写真や
動画を投稿できる

❼ [アクティビティ] 画面

新しくフォローされた相手や、自分
の写真に付いた [いいね!] やコメント
が一覧で表示される

❽ [メッセージ] 画面

特定の相手とメッセージを
やりとりできる

次のページに続く—→

1 基本

2 フォロー

3 写真の投稿

4 写真のコツ

5 動画

6 活用

7 Threads

8 投稿

9 安全な設定

［プロフィール］画面の構成

iPhoneの画面

Androidの画面

⑨［設定とアクティビティ］画面
各種設定を表示する

⑩ストーリーズハイライト
ストーリーズハイライトとしてまとめた過去のストーリーズが表示される

HINT　細かい設定は［設定とアクティビティ］画面から

通知やセキュリティなどInstagramの細かい設定は、［プロフィール］画面右上の≡アイコンをタップすると開く［設定とアクティビティ］画面で行うことができます。

アカウントなどの情報を細かく設定できる

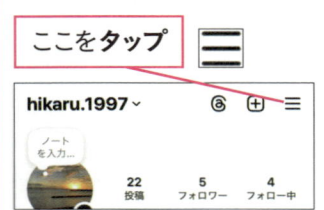

ここを**タップ**

007

プロフィール画像を設定しよう

プロフィール画面の左上にある丸いアイコンをタップすると、プロフィール画像が設定できます。スマートフォンのカメラで顔写真を撮影するか、ライブラリから好みの写真を選択しましょう。ワザ025以降を参考に、写真を投稿しておけば、投稿した写真から選択することもできます。

自分の画像を設定する

1 プロフィール画像の設定をはじめる

ワザ005を参考にプロフィール画面を表示しておく

❶ここを**タップ**

❷[プロフィール写真を追加]を**タップ**

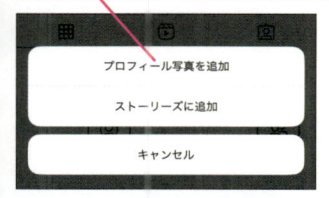

Androidでは[新しいプロフィール写真]をタップして、手順3に進む

2 撮影済みの写真から選択する

ここでは撮影済みの写真から選ぶ

[ライブラリから選択]を**タップ**

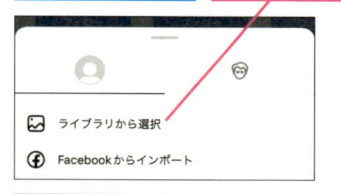

写真へのアクセス許可を求める画面が表示されたら、[次へ]-[フルアクセスを許可]をタップしておく

HINT プロフィール画像の選び方

プロフィール画像は顔写真が基本ですが、花や料理など、自分がよく投稿するジャンルの写真を使ってみるのもいいでしょう。ただし有名人の写真や漫画のキャラクターなど著作権に抵触するものはNGです。

1 基本
2 フォロー
3 写真の投稿
4 写真のコツ
5 動画
6 活用
7 Threads
8 投稿
9 安全な設定

次のページに続く→

3　写真を選択する

撮影済みの写真が表示された

プロフィール画像にしたい
写真を**タップ**

画面を上にスクロールすると、
ほかの写真を選ぶことができる

4　写真の使用範囲を決める

写真が選択された

❶写真を**ドラッグ**して
枠の位置を調整

写真をピンチイン／アウトすれば
拡大・縮小ができる

❷右上の［完了］（Androidでは
［→]）を**タップ**

5　プロフィール画像が設定できた

プロフィール画像が表示された

HINT　その場でプロフィール画像を撮るには

手順2の画面で［写真を撮る］をタップすると、その場で自分または何かの
写真を撮ってプロフィール画像に使うことができます。

008

Instagramをはじめる

写真を投稿しよう

アプリのインストールが終わりプロフィールも登録したら、いよいよ最初の写真を投稿しましょう。まずはスマートフォンであらかじめ撮影しておいた写真の中から好きなものを選んで投稿してみましょう。自分らしさを表現できる写真や、フォロワーの興味を引きそうな写真を選ぶのがポイントです。

写真を投稿する

1 [新規投稿]画面を表示する

ワザ005を参考にプロフィール画面を表示しておく

ここを**タップ**

2 投稿する写真を選択する

「Instagramによる写真や動画へのアクセスを許可」と表示されたら[次へ]をタップしておく

「"Instagram"から写真ライブラリにアクセスしようとしています」と表示されたら[フルアクセスを許可]をタップしておく

❶投稿する写真を**タップ**

❷[次へ]を**タップ**

次のページに続く→

1 基本

2 フォロー

3 写真の投稿

4 写真のコツ

5 動画

6 活用

7 Threads

8 投稿

9 安全な設定

3 フィルターを選択する

ここではフィルターを付けず、
[Normal]のままで投稿する

[次へ]を
タップ

4 写真を新規投稿する

[ムードを演出しよう] と表示され
たら [OK]をタップしておく

[リマインダーを追加] と表示され
たら [OK]をタップしておく

情報を加えて投稿するときは、ワ
ザ035 〜 037などを参考にする

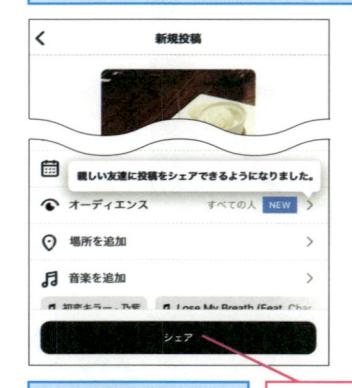

ここではそのまま
投稿する

[シェア]を
タップ

5 写真が投稿された

投稿した写真が表示された

HINT **もっとみんなを楽しま
せる投稿をするには**

初回の投稿では、あらかじめ撮
影しておいた写真をそのまま投
稿しましたが、Instagramの実力
はもちろんこんなものではあり
ません。次章からは撮影した写
真にフィルターやスタンプなどを
駆使して「映える」ように加工し
たり、情報を付加したりする方
法を学んでいきましょう。

第2章

ユーザーをフォローして
写真を見よう

009

友達を増やす

知り合いの写真を探すには

知り合いにInstagramを使っているユーザーがいたらユーザーネームを教えてもらいましょう。検索アイコンをタップし、検索ボックスに教えてもらったユーザーネームを入力することでその人を探し出し、過去にその人が投稿した写真をすべて見ることができます。

第2章

ユーザーをフォローして写真を見よう

ユーザーネームを検索する

1 [検索]画面を表示する

ここを**タップ** 🔍

2 ユーザーネームを検索する

[検索]画面が表示された

[検索]を**タップ**

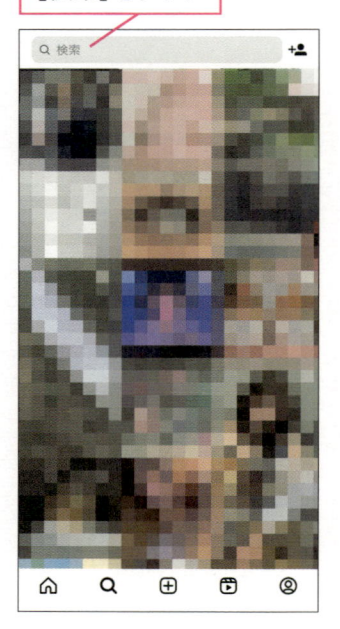

3 ユーザーネームを入力する

❶ユーザーネームを入力

候補が表示される

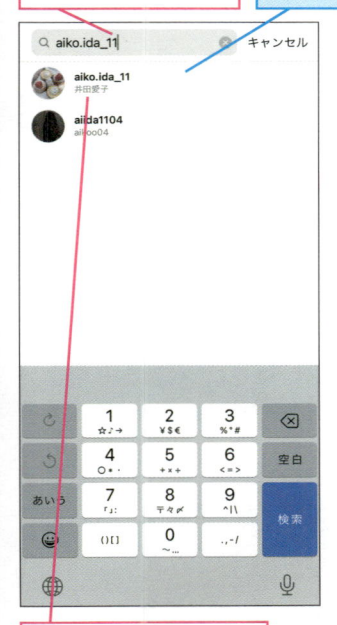

❷ユーザーを タップ

4 プロフィールと写真を確認する

プロフィール画面が表示される

写真をタップすれば大きく表示できる

| 1 基本 |
| 2 フォロー |
| 3 写真の投稿 |
| 4 写真のコツ |
| 5 動画 |
| 6 活用 |
| 7 Threads |
| 8 投稿 |
| 9 安全な設定 |

HINT 写真が表示されないときは

プロフィール画面に写真が表示されない場合、非公開設定（ワザ090）にしているか、まったく投稿していないかの2つの可能性があります。

010

友達を増やす

お気に入りの人をフォローしよう

お気に入りの写真を投稿しているユーザーや、知り合いのプロフィールを確認したら、画面左上に表示されている［フォロー］をタップしましょう。背景色がなくなり、［フォロー中］と表示されます。これ以降、フォローしたユーザーの写真や動画が自分のホーム画面に表示されるようになります。

第2章　ユーザーをフォローして写真を見よう

お気に入りの人をフォローする

1 フォローをはじめる

ワザ009を参考に、フォローしたいユーザーのプロフィール画面を表示しておく

❶［フォロー］を**タップ**

フォローが完了した

❷ここを**タップ**

2 ホーム画面で確認する

フォローしたユーザーが投稿した写真が画面に表示された

表示されないときは、画面を下にドラッグしてフィードを更新する（ワザ020）

フォローを解除する

1 フォローの一覧を表示する

ワザ005を参考に自分のプロフィール
画面を表示しておく

[(人数)人をフォロー中]を**タップ**

2 フォローの解除をはじめる

フォロー中のユーザーの一覧が
表示される

フォローを解除したいユーザーの
[フォロー中]を**タップ**

3 フォローを解除できた

[フォロー]と表示された

もう一度タップすると
再度フォローできる

HINT 自分のフォロワーを フォローする

自分のプロフィール画面で［フォ
ロワー］をタップすると、自分を
フォローしているユーザー（フォ
ロワー）の一覧を確認できます
（ワザ023）。フォロワーの一覧
では、ユーザーネームの右側の
［フォローする］をタップすること
で、そのユーザーをフォローす
ることができます。なお、右側
に［フォロー中］と書かれている
ユーザーはすでにこちらも相手
をフォローしており、「相互フォ
ロー」の状態にあることを意味し
ています。

---

1 基本

2 フォロー

3 写真の投稿の

4 写真のコツ

5 動画

6 活用

7 Threads

8 投稿

9 安全な設定

011

友達を増やす

Facebookと連携しよう

Instagramのアカウントは同じメタ社が運営するSNSであるFacebookのアカウントと連携することができます。連携するとInstagramに投稿する写真、動画、ストーリーズをFacebookでも表示できるようになります。また、Facebookから Instagramを利用している友達を探すことも可能になります。

第2章

ユーザーをフォローして写真を見よう

Facebookと連携する

1 [設定]画面を表示する

Facebookにアカウントを
登録しておく

ワザ005を参考にプロフィール画面
を表示しておく

❶ここを**タップ**

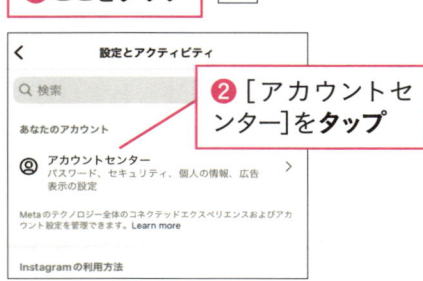

❷[アカウントセンター]を**タップ**

2 Facebookとの連携を開始する

[アカウントセンター]画面が
表示された

❶[プロフィール間のシェア]
を**タップ**

❷[アカウントを追加]
を**タップ**

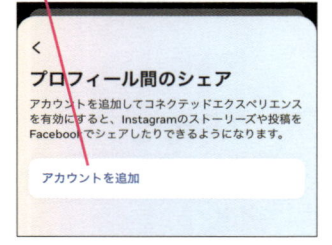

3 Facebookと連携する

❶ [Facebookアカウントを追加] を**タップ**

❷ [続ける] を**タップ**

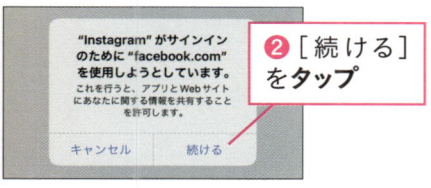

Androidではアカウントセンターの設定画面が表示されるので、画面の指示に従ってリンクするFacebookアカウントを設定する

4 Facebookのアカウントでログインする

❶ Facebookのメールアドレスとパスワードを入力する

❷ [ログイン] を**タップ**

パスワードをiCloudキーチェーンに保存するかどうかの画面が表示されたら、保存するかどうか選択してタップしておく

5 Facebookとの連携を許可する

友達を見つけるかどうかの画面で[後で]を、位置情報の許可の画面で[Appの使用中は許可]をタップする

❶ [（ユーザーの名前）としてログイン]を**タップ**

❷ [次へ]を**タップ**

1 基本

2 フォロー

3 写真の投稿

4 写真のコツ

5 動画

6 活用

7 Threads

8 投稿

9 安全な設定

次のページに続く⟶

6 Facebookとの連携を完了する

[アカウントの追加を完了しますか?]と表示された

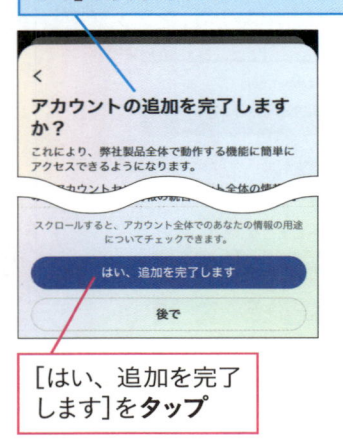

[はい、追加を完了します]を**タップ**

7 [プロフィール間のシェア]画面を閉じる

追加したFacebookアカウントが表示された

ここを**タップ**

投稿済みの写真をFacebookにシェアする

1 シェアしたい写真を表示する

ワザ005を参考に自分のプロフィール画面を表示しておく

ほかのSNSにシェアしたい写真を**タップ**

2 シェアをはじめる

❶ … (Androidでは ⋮)を**タップ**

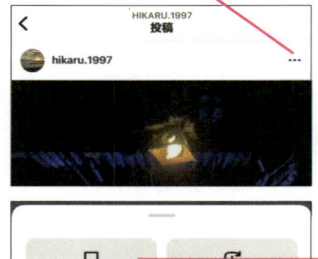

❷ [Facebookでシェア]を**タップ**

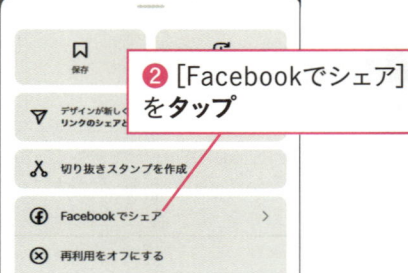

3 シェアの方法を選択する

［投稿をシェア］画面が表示された

［Facebook］のここを**タップ**

4 Facebookにシェアする

ここが青色で表示された

［シェア］（Androidでは☑）を**タップ**

シェアされた写真は説明文とともに
Facebookに投稿される

●Facebookの画面

写真と説明が投稿された

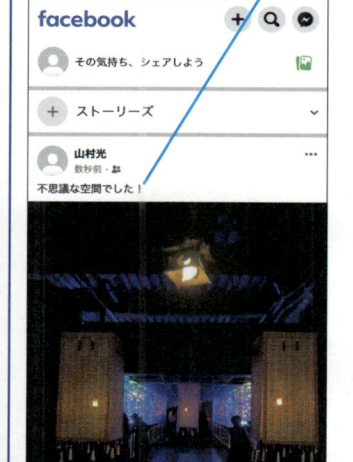

1 基本

2 フォロー

3 写真の投稿

4 写真のコツ

5 動画

6 活用

7 Threads

8 投稿

9 安全な設定

HINT **Facebookと連携させて
閲覧数を増やそう**

Instagramをあまり積極的に利用
していないユーザーもいます。そ
ういった方にも写真を見てもら
うため、テキストを主体とした
Facebookとの連携機能は積極
的に使ってみましょう。

012

おすすめの写真を探そう

検索アイコンをタップすると、［いいね！］やコメント数、過去の閲覧履歴など
を参考にしたおすすめの写真や動画、ユーザーなどが表示されます。気に入っ
たものがあったら［いいね！］やフォローをしてみましょう。また、検索ウィンド
ウにキーワードを入力して検索することも可能です。

［検索］画面にある人気の写真を見る

1 ［検索］画面から おすすめの写真を表示する

❶ここを**タップ** 🔍

人気の写真が一覧表示された

❷見たい写真を**タップ**

［リール］のアイコンは15秒
の短尺動画を表す 🎬

2 写真を大きく表示できた

ユーザーネームをタップすると、相手
のプロフィール画面が表示される

［フォロー］をタップすると、
ユーザーをフォローできる

ここをタップすると［検索］画
面に戻る（Androidでは［←］）

013

友達を増やす

有名人のアカウントを
フォローしよう

芸能人、ミュージシャン、スポーツ選手など、国内、国外を問わずInstagramにはたくさんの有名人が参加しています。アカウントはGoogleなどの検索エンジンを使えば簡単に見つけることができるので、好きな有名人を見つけてフォローしてみましょう。

有名人のアカウントを検索してフォローする

1 Webブラウザで
アカウントを検索する

Webブラウザを起動しておく

❶ 検索エンジンで「（名前）instagram」と入力して**検索**

❷「（ユーザーネーム）・Instagram photos and videos」を**タップ**

2 アカウントをフォローする

[Instagram] アプリが起動し、有名人のプロフィール画面が表示された

[フォロー]を**タップ**

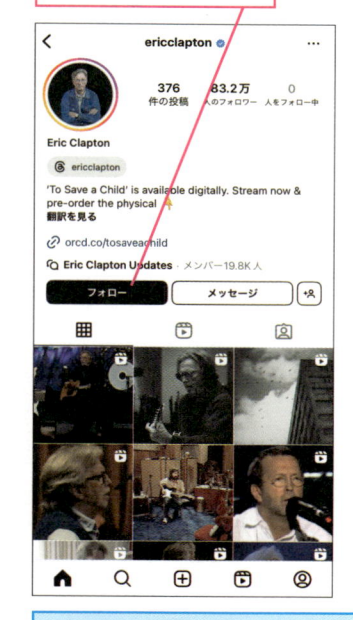

アカウントをフォローできた

次のページに続く━━▶

1 基本

2 フォロー

3 写真の投稿

4 写真のコツ

5 動画

6 活用

7 Threads

8 投稿

9 安全な設定

HINT　有名人を効率よく探すには

有名人同士のコネクションを利用するのもテクニックのひとつです。気になる有名人のアカウントを見つけたら、プロフィール画面の［フォロー中］をタップして、その人がフォローしている人をチェックしてみましょう。うまくいけば一度にたくさんの有名人アカウントをフォローできます。また、検索エンジンで「Instagram　有名人」、「Instagram　セレブ」などと検索すると、有名人のアカウントを集めたページを見つけることができます。

HINT　公式アカウントを見分けるには

アカウントの中には有名人の名前を勝手に使った偽物も多数存在しますが、プロフィール欄に「認証バッジ」と呼ばれる青いチェックマークが表示されているアカウントは、Instagramによって著名人、有名人、グローバルブランドの公式アカウントだと確認済みであることを意味するので、安心してフォローできます。ただし、すべての公式アカウントに認証バッジが付いているわけではないので、疑問に思った場合はその人の公式サイトなどで確認するのがいいでしょう。ただし、あえて公式だとアナウンスしていない本物のアカウントもあります。

◆認証バッジ

014

友達を増やす

ハッシュタグを使って好みの合う人を探そう

特定のテーマの写真を探したいときには、ハッシュタグを使って検索してみましょう。例えば「#ランチ」で検索すると、ランチを題材にした写真がたくさん表示されます。好みに合った写真を投稿しているユーザーがいたらフォローしてみるといいでしょう。

ハッシュタグとは

ハッシュタグとは投稿者によって付けられた写真の内容を表す検索用キーワードです。「#ランチ」「#猫」のように先頭に「#（半角シャープ）」を付けてキャプションの中に記述されています。ハッシュタグを使えば、膨大に投稿される写真の中から自分の見たい写真を簡単に見つけ出すことができます。

●ハッシュタグを付けてみよう

投稿にハッシュタグを付けるには、説明文を入力する際に、半角の「#」に続けて（スペースをあけずに）ハッシュタグ名を入力します。候補となる人気のハッシュタグが表示されるのでそこから選んでもかまいません。複数のハッシュタグを入力したい場合は間にスペースを入れる必要があります。

キャプションの後に付けられた「#」ではじまる単語やキーワードがハッシュタグ

1 基本

2 フォロー

3 写真の投稿

4 写真のコツ

5 動画

6 活用

7 Threads

8 投稿

9 安全な設定

次のページに続く →

ハッシュタグを検索し、気になるユーザーをフォローする

1 検索を開始する

ワザ009を参考に［検索］画面を表示しておく

［検索］を**タップ**

2 ハッシュタグを検索する

❶キーワードを**入力**　　❷該当のハッシュタグを**タップ**

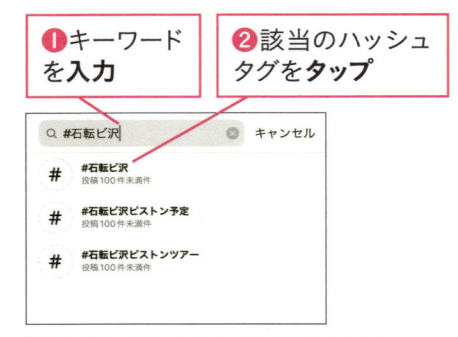

［タグ］をタップすると入力したキーワードが含まれるハッシュタグの一覧が表示される

3 写真の一覧から気になる投稿を表示する

選択したハッシュタグの付いた投稿の一覧が表示された

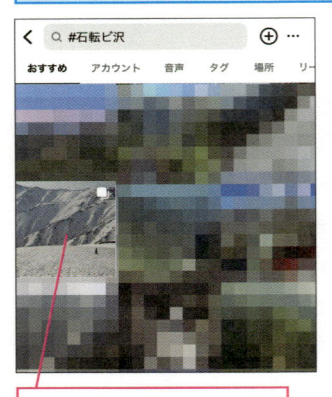

気になる投稿を**タップ**

4 ユーザーをフォローする

選択した投稿が表示された

［フォロー］を**タップ**

いいね！247件
yamakei_editor 編集部員の休日

GW前半に6月号を校了し
後半に飯豊連峰に行きました！

入山、下山ともに石転ビ沢で
主なピークは、大日岳と北股岳へ。

景色やルートはもちろんですが、
スキーヤー、スノーボーダーを多くて、いろんな人がそれぞ

[フォロー中]に表示が変わった

ユーザーと同じようにハッシュタグもフォローすることができます。フォローしておけばユーザーと同様にそのハッシュタグが付けられた写真もホーム画面に表示されるようになります。

[+] をタップすると、ハッシュタグをフォローできる

1 基本

2 フォロー

3 写真の投稿

4 写真のコツ

5 動画

6 活用

7 Threads

8 投稿

9 安全な設定

Instagramは世界中のユーザーに使われているので、当然ハッシュタグも日本語だけではありません。英語、スペイン語、中国語など世界中のあらゆる言語のハッシュタグが存在します。といっても難しいことは何もありません。例えば「#dog」で検索すれば犬の写真が、「#paris」で検索すればパリで撮られた写真が表示されます。「#selfie」を使って世界中のユーザーが撮った自撮り画像を見るのも楽しいものです。

015

写真に［いいね！］を付けよう

お気に入りの写真や動画を見つけたら、二度続けてタップするか、写真のすぐ下にある［いいね！］をタップすることで［いいね！］を付けることができます。［いいね！］は気軽な共感や好意を表します。知らない人の写真でも、気に入ったら遠慮せずに付けていきましょう。

第
2
章

ユーザーをフォローして写真を見よう

写真に［いいね！］を付ける

1 ［いいね！］を付ける

ワザ009、012を参考に写真を表示しておく

［いいね！］（白いハートマーク）を**タップ**

2 ［いいね！］が付いた

ハートマークが赤色になった

もう一度ハートマークをタップすると［いいね！］を取り消せる

HINT ［いいね！］はダブルタップでも付けられる

［いいね！］は表示されている写真をダブルタップ（二度続けてタップ）することでも付けられます。ただし、もう一度ダブルタップしても［いいね！］を取り消すことはできません。取り消すときは写真の左下にある赤いハートマークをもう一度タップします。

016

写真を使って交流する
自分の写真に付いた[いいね！]を確認しよう

アクティビティのアイコンをタップすると、自分の写真や動画に付いた[いいね！]やコメントが一覧で表示されます。写真をタップすると拡大表示され、[いいね！]やコメントを確認できます。また、ユーザーネームをタップすると、そのユーザーのプロフィール画面が表示されます。

[アクティビティ]画面で確認する

1 [アクティビティ]画面を表示する

[いいね！]やコメントが付くと、吹き出しで表示される

ここを**タップ**

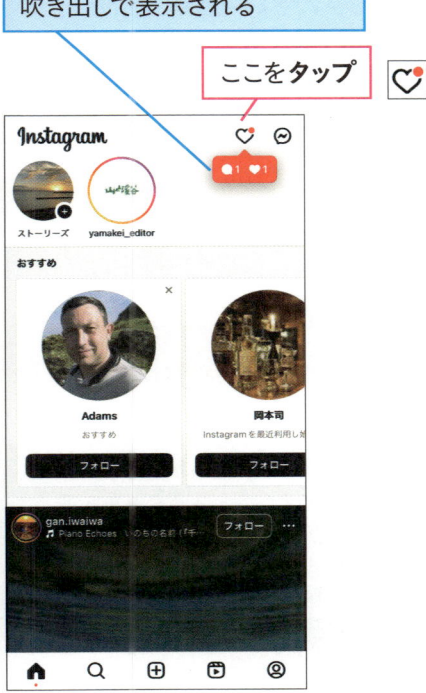

2 [いいね！]やコメントを確認する

自分に対して[いいね！]やコメントを付けたユーザー、コメントの内容が表示される

写真をタップするとその写真を表示できる

[返信する]をタップすると、コメントに返信ができる

1 基本

2 フォロー

3 写真の投稿

4 写真のコツ

5 動画

6 活用

7 Threads

8 投稿

9 安全な設定

017

写真を使って交流する

自分が［いいね！］を付けた
写真を表示しよう

プロフィール画面の右上にある☰のアイコンをタップし、表示された画面で、
［「いいね！」］をタップすると、自分が過去に［いいね！］を付けた写真や動画が一
覧表示されます。その中から好きな写真をタップすることでその写真を拡大表示
できます。

第2章　ユーザーをフォローして写真を見よう

［いいね！］した写真を表示する

1 アクティビティ］画面を表示する

ワザ005を参考に自分のプロフィ
ール画面を表示しておく

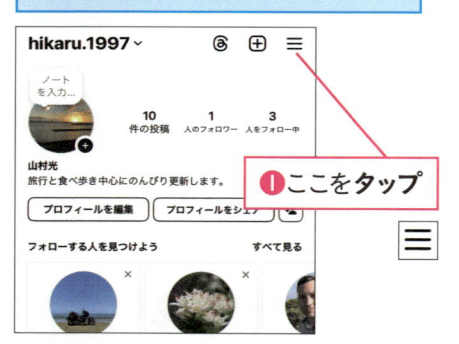

❶ここをタップ

❷［アクティビティ］をタップ

2 ［いいね！］した写真の一覧を
表示する

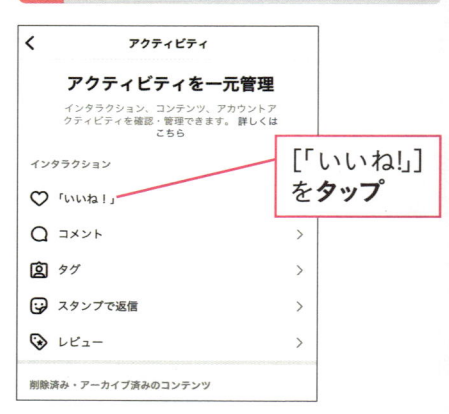

［「いいね！」］
をタップ

3 自分が［いいね！］した
写真を表示できた

［「いいね！」］画面
が表示された

写真をタップすると
大きく表示できる

018

写真を使って交流する

写真にコメントを付けよう

写真や動画の下にある［コメント］をタップすると、自由にコメントを付けられます。感想を書いたりするだけではなく、メッセージのやりとりのように会話を続けることもできます。また、「@」の後にユーザーネームを入力することで、特定のユーザーに返事を書くこともできます。

写真にコメントを付ける

1 コメントの入力をはじめる

ワザ009、012を参考に写真を
表示しておく

ここを**タップ** ◯

2 コメントを入力する

［コメント］画面
が表示された

**❶コメント
を入力**

❷［↑］を**タップ**

次のページに続く━➤

右側のインデックス:

1 基本

2 フォロー

3 写真の投稿

4 写真のコツ

5 動画

6 活用

7 Threads

8 投稿

9 安全な設定

3 コメントを確認する

コメントを付けられた

ここを下に**スワイプ**

4 コメントが表示された

コメントが表示された

コメントに返信する

1 返信するコメントを選択する

ワザ009、012を参考に写真を表示しておく

返信するコメントを**タップ**

2 コメントに対する操作を選択する

コメントが別画面に表示された

返信したいコメントの[返信する]を**タップ**

コメント入力欄に、返信する相手の
アカウント名が「@」付きで表示された

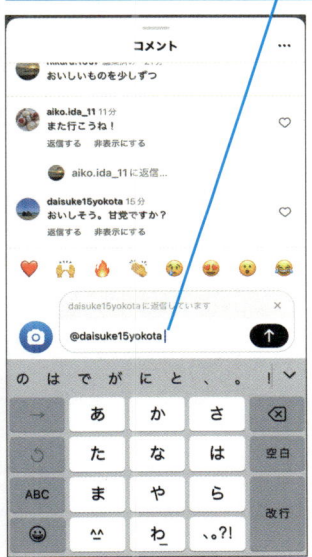

❶ 返信を**入力**　❷ [↑]を**タップ**

返信のコメントが表示された

1 基本

2 フォロー

3 写真の投稿

4 写真のコツ

5 動画

6 活用

7 Threads

8 投稿

9 安全な設定

写真を使って交流する

写真に付いたコメントを
削除するには

投稿した写真に付いたコメントはいつでも削除することができます。ただし削除できるのは自分が付けたコメント、もしくは自分が投稿した写真に付いたほかのユーザーのコメントに限ります。自分のものではない写真に付いた、ほかのユーザーのコメントを削除することはできません。

第2章　ユーザーをフォローして写真を見よう

写真に付いたコメントを削除する

1 削除するコメントを選択する

削除したいコメントのある写真を表示する

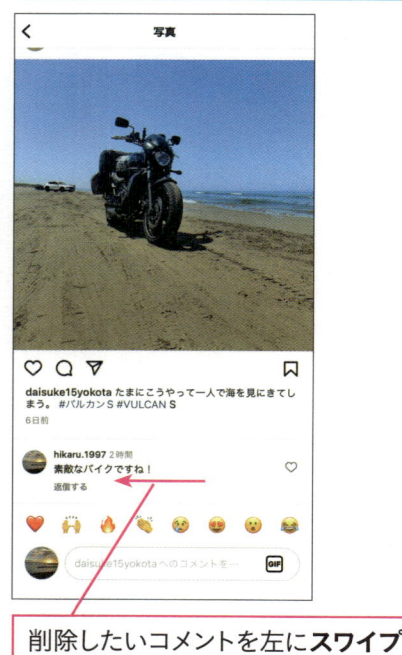

削除したいコメントを左に**スワイプ**

Androidでは削除したいコメントをタップする

2 コメントを削除する

コメントに対する操作を選択できるボタンが表示された

ここを**タップ**

コメントが削除された

ここをタップすると削除したコメントを元に戻せる

020

写真を使って交流する

フィードを更新して
新しい投稿を見よう

Instagramには次々に新しい写真が投稿されています。閲覧中にしばらく時間がたったら、画面を下にドラッグしてみましょう。フィードを新たに読み込み直すことでタイムラインが更新され、新しく投稿された写真を見ることができるようになります。

1 画面を下にドラッグする

ホーム画面を表示しておく

画面を下に**ドラッグして離す**

2 フィードが更新された

フィードが更新され、新しい投稿が表示された

HINT フィードの先頭に素早く戻るには

フィードを下のほうまでスクロールしているときは、iPhoneの場合は画面上部のステータスバーか [Instagram] のロゴを、Androidの場合は [Home] アイコンをタップすることで先頭に戻ることができます。

1 基本

2 フォロー

3 投稿の写真の

4 写真のコツ

5 動画

6 活用

7 Threads

8 投稿

9 安全な設定

できる 63

写真を使って交流する

複数の写真を見るには

Instagramには一度に複数の写真を投稿できます。複数の写真を含む投稿には画面右上に［1/5］（5枚中の1枚目）のような数字と、画面下部に丸い点が表示されています。写真を左右にドラッグしていくことですべての写真を見ることができます。見逃さないようにしましょう。

第2章　ユーザーをフォローして写真を見よう

ほかのユーザーが投稿した複数の写真を見る

1 複数の写真の閲覧をはじめる

> ワザ009、012を参考に、複数の写真を含む投稿を表示しておく

> 複数の写真を含む投稿は写真の右上に数字が、下部に写真と同じ数の丸い点が表示される

> 画面を左にドラッグ

2 写真を切り替える

> 画面の右側から2枚目の写真が表示される

> 画面のドラッグを続ける

3 写真が切り替わった

2枚目の写真が表示された

画面の下の丸い点が2番目に移動した

さらに写真を見たいときは画面を左に**ドラッグ**

4 最後まで写真を閲覧できた

最後の写真が表示されると丸い点が一番右になる

最後まで写真を閲覧できた

画面を右にスワイプすると前の写真を表示できる

HINT　複数の写真を投稿したいときは

複数の写真を投稿したいときは、投稿画面でライブラリを選び、画面下に表示される一覧から1枚目の写真をタップします。その後写真の右下にある［複数を選択］アイコンをタップすることで2枚目以降の写真を選択することができます。なお一度に投稿できる写真の上限は10枚です。

ワザ025を参考に、写真を投稿する画面を表示しておく

ここを**タップ**

複数の写真を選択して投稿できる

1 基本

2 フォロー

3 写真の投稿

4 写真のコツ

5 動画

6 活用

7 Threads

8 投稿

9 安全な設定

022

写真を使って交流する

気に入った写真を コレクションしよう

後から何度でも見たくなりそうなお気に入り写真を見かけたら［コレクション］として保存しておきましょう。保存した写真は［保存済み］画面を開くだけで、めんどうな検索などをすることなくいつでも見返すことができます。また、コレクションを分類することも可能です。

第2章

ユーザーをフォローして写真を見よう

気に入った写真を［コレクション］に保存する

1 コレクションに登録したい写真を表示する

ワザ009、012を参考に写真を表示しておく

ここを**タップ**

2 写真をコレクションに登録できた

マークの色が変わった

［コレクションに保存］と表示された

［コレクション］に保存した写真を後から見返す

1 ［保存済み］画面を表示する

ワザ005を参考にプロフィール画面を表示しておく

❶ここをタップ

［設定とアクティビティ］画面が表示された

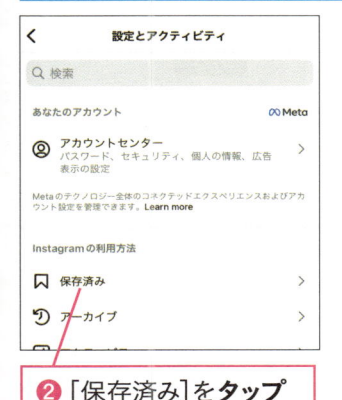

❷［保存済み］をタップ

2 ［すべての投稿］画面を表示する

［保存済み］画面が表示された

［すべての投稿］を**タップ**

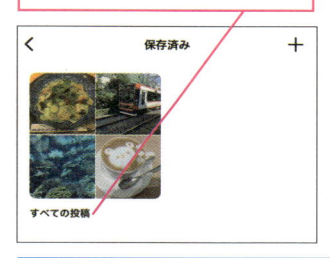

コレクションに登録した写真が表示された

HINT 自分の写真以外も［コレクション］に保存できる

ほかのユーザーが撮影した写真も［コレクション］に保存することができます。やり方は自分の写真の場合とまったく同じです。

ほかのユーザーの写真も保存できる

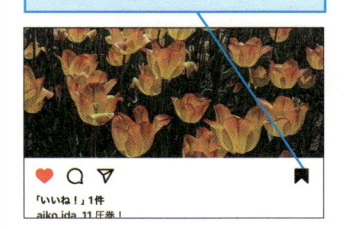

1 基本

2 フォロー

3 写真の投稿

4 写真のコツ

5 動画

6 活用

7 Threads

8 投稿

9 安全な設定

023

フォロー／フォロワーの一覧を確認しよう

自分のプロフィール画面から、自分がフォローしているユーザー（フォロー中）と、自分のことをフォローしているユーザー（フォロワー）を一覧表示することができます。誰にフォローされているのか知りたいときや、特定のユーザーの写真を一気に見たいときなどに便利です。

フォローしているユーザーの一覧を見る

1 フォロー中のユーザー一覧を表示する

ワザ005を参考にプロフィール画面を表示しておく

[（人数）人をフォロー中]をタップ

2 フォロー中のユーザー一覧が表示された

フォロー中のユーザー一覧が表示された

[フォロー中]をタップするとフォローを解除できる

自分がフォローされているユーザーの一覧を見る

1 基本

2 フォロー

3 写真の投稿の

4 写真のコツ

5 動画

6 活用

7 Threads

8 投稿

9 安全な設定

1 フォローされている
ユーザーの一覧を表示する

プロフィール画面を表示しておく

[(人数) 人のフォロワー]
を**タップ**

2 フォローされている
ユーザーの一覧が表示された

フォローされているユーザーの
一覧が表示された

[フォロー] をタップすると
ユーザーをフォローできる

HINT 「フォロー返し」で相互にフォローしよう

[フォロワー]画面で[フォロー]と表示されているユーザーは、あなたはフォローしていないのにあなたのことをフォローしている一方通行のユーザーです。InstagramにはXのような「相互フォロー」の文化はあまりありませんが、ユーザーネームをタップすると、その人が投稿している写真を見ることができるので、趣味が合いそうなら知らない人でもフォロー返しをしてみましょう。

024

フォローを管理する

QRコードを使って
フォローしてもらおう

QRコード（※）とはInstagramで使う名刺のようなものです。QRコードを使えば実際会った人にその場でInstagramのアカウントをフォローしてもらうことができます。IDを教えたり検索機能を使ったりしても同じことはできますが、QRコードを使うのが圧倒的に簡単です。

※QRコードは株式会社デンソーウェーブの登録商標です

第2章

ユーザーをフォローして写真を見よう

●カメラでスキャンするだけで手軽にフォローしてもらえる

表示されたQRコードをスマホのカメラでスキャンすれば、そのユーザーを簡単にフォローすることができます。また、QRコードを画像として保存しておけば、ほかのSNSで利用することもできます。

> 画面上部のデザインボタンから簡単にデザインを変更でき、より自分らしいQRコードを作成できる

QRコードを表示する

1 QRコードを表示する

ワザ005を参考にプロフィール画面を表示しておく

[プロフィールをシェア]を**タップ**

2 [プロフィール]画面に戻る

QRコードが表示された

[プロフィールをシェア]をタップすると、ほかのアプリでQRコードを共有できる

[リンクをコピー]をタップすると、QRコードへのリンクがクリップボードにコピーされる

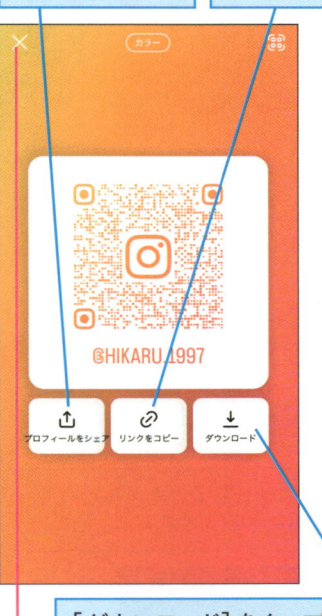

[ダウンロード]をタップすると、スマートフォンにQRコードの画像が保存される

ここを**タップ**

[プロフィール]画面が表示される

HINT QRコードを印刷しよう

QRコードは紙などに印刷しても問題なく利用できます。名刺やポスターにQRコードを印刷しておくのもいいでしょう。

1 基本

2 フォロー

3 投稿写真の

4 写真のコツ

5 動画

6 活用

7 Threads

8 投稿

9 設定安全な

次のページに続く→

QRコードをカメラでスキャンして読み取る

第2章　ユーザーをフォローして写真を見よう

1 [QRコード]画面を表示する

ここを**タップ**

2 QRコードをカメラでスキャンする

カメラを起動できた

相手にQRコードを表示してもらっておき、直接スキャンする

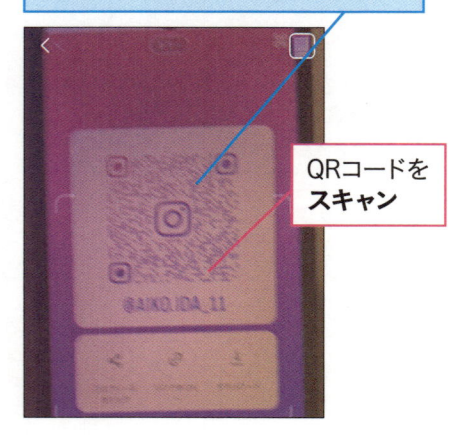

QRコードを**スキャン**

3 QRコードをスキャンできた

相手のQRコードを読み取れた

[フォロー]を**タップ**

QRコードからフォローできた

保存済みのQRコードを読み取る

1 カメラを起動する

前ページの手順を参考にスキャン用のカメラを起動しておく

ここを**タップ**

2 保存済みのQRコードを選択する

保存済みの画像一覧が表示された

保存済みのQRコードを**タップ**

3 QRコードをスキャンできた

保存済みのQRコードを読み取れた

AIKO.IDA_11
井田愛子

フォロー

プロフィールを見る

> **HINT** ストーリーズカメラからもQRコードを読み取れる
>
> [QRコード]はここで説明した手順だけではなく、ストーリーズ（ワザ059参照）を投稿する際に使用するカメラを使って読み取ることもできます。

1 基本
2 フォロー
3 写真の投稿
4 写真のコツ
5 動画
6 活用
7 Threads
8 投稿
9 安全な設定

Instagramでショッピングを楽しもう

2018年、Instagaramにショッピング機能が実装されました。投稿された写真に［商品名］や［商品を見る］と書かれたボタンが表示されていれば、そのアカウントはショッピング機能を利用していますので、試しにボタンをタップしてみましょう。価格やサイズなどその商品の詳しい情報が表示されます。

また、そこから関連する商品を探したり、「ウェブサイトで見る」ボタンをタップすることで、商品を販売しているECサイトにジャンプし、そのままその商品を購入することも可能です。

手順について詳しくはワザ075を参照してください。

ただし、アカウントによってショッピングの仕組みや決済方法は異なります。また、会員登録が必要なサイトもあるので、それぞれのサイトの指示に従いましょう。

商品名をタップすると、詳しい情報が表示される

第3章

写真を投稿して
楽しもう

025

写真をその場で撮影して投稿しよう

Instagramのカメラで写真を撮影したら、キャプション、タグ、ハッシュタグ、位置情報などを追加して投稿します。写真以外の情報もないとInstagramらしさが出ないので、可能な限りこれらの情報を付けることをおすすめします。説明文は長すぎない感じにして、情報の追加にはハッシュタグを使いましょう。

第3章 写真を投稿して楽しもう

写真を撮影して投稿する

1 カメラを起動する

ワザ008を参考に、［新規投稿］画面を表示しておく

ここではカメラを起動して写真を撮影する

ここを**タップ**

「Instagramにカメラとマイクへのアクセスを許可」と表示されたら［次へ］をタップしておく

カメラとマイクへのアクセスが求められたら、それぞれ［許可］をタップしておく

2 写真を撮影する

ここをタップするとフラッシュの設定を変更できる

撮影ボタンを**タップ**

［投稿］をタップすると撮影済みの写真を投稿できる

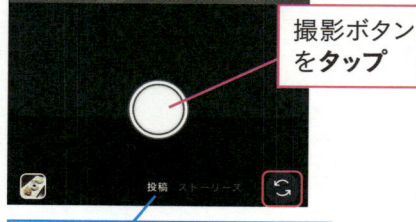

画面右下の回転している矢印のアイコンをタップするとインカメラに切り替わる

3 投稿する画像を確認する

「ムードを演出しよう」と表示されたら
[OK]をタップしておく

[次へ]を**タップ**

4 写真の説明文を入力する

「リマインダーを追加」と表示され
たら [OK]をタップしておく

❶写真の説明文
を**入力**　　❷[OK]を
タップ

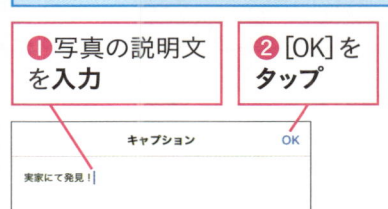

Androidでは、[新規投稿] 画面
のままキャプションを入力できる

5 写真を公開する

[シェア]を**タップ**

6 写真を投稿できた

ホーム画面に自分の写真が
表示された

1 基本

2 フォロー

3 写真の投稿

4 写真のコツ

5 動画

6 活用

7 Threads

8 投稿

9 安全な設定

026

写真にフィルターをかけよう

Instagramの写真の最大の特徴はフィルターです。近年スマートフォンのカメラ
の画質が上がってきたこともあり、どんどんフィルターの精度も向上しています。
写真を思い通りの色にしたり、モノクロにして色よりも形や光を強調するときな
どに便利です。効果のかかり具合も調節できます。

第3章 写真を投稿して楽しもう

[Hyper]のフィルターをかける

1 写真を選択する

ワザ008を参考に、[新規投稿]画面を表示しておく

①投稿したい写真を**タップ**

❷[次へ]を**タップ**

2 フィルターの一覧を表示する

フィルターをかける写真が選択された

ここを**タップ**

3 フィルターを選択する

ここを左右にドラッグしてフィルター
を選択する

❶左へ**ドラッグ**　❷[Hyper]を**タップ**

再度同じフィルターをタップすると、
スライダーが表示され、効果の度合
いを調整できる

❸ここを**タップ**

4 フィルターを確定する

[次へ]を**タップ**

5 フィルターをかけた 写真を投稿する

ワザ025の手順5を参考に、
写真を投稿しておく

1 基本

2 フォロー

3 写真の投稿

4 写真のコツ

5 動画

6 活用

7 Threads

8 投稿

9 安全な設定

写真を加工して投稿する

フィルターのかかり具合を 設定しよう

フィルターを選んだ後、フィルターをさらにもうワンタップすると、フィルター効果の調整ができるようになります。フィルターの効果は調整しないと最大値の100のままです。フィルターの種類は気に入ったけど効果が強すぎる、と思ったときには効果を調整してみると、うまくはまるときがあります。

第3章 写真を投稿して楽しもう

フィルターのかかり具体を設定する

1 フィルター効果の設定画面を 表示する

ワザ026の手順3を参考に フィルターを選択しておく

フィルターを再度**タップ**

2 フィルターのかかり具体を 設定する

フィルター効果の設定画面が 表示された

ここを左右にドラッグすると効果の かかり具合を調整できる

写真を加工して投稿する

フィルターの効果を確かめよう

Instagramのフィルターは最大で60種類あり、管理画面から必要なものを選んでおくことができます。写真の内容次第で使い分けますが、自分がどのフィルターが好きなのかを知っておくと変に迷うことがなくなります。フィルターの好みは「空」の写真で判断するとわかりやすいでしょう。

Instagramのフィルター全60種類の一覧

Normal（フィルターなし）

Fade

Fade warm

Fade cool

Simple

Simple warm

Simple cool

Boost

Boost warm

Boost cool

Graphite

Hyper

Rosy

Emerald

1 基本

2 フォロー

3 写真の投稿

4 写真のコツ

5 動画

6 活用

7 Threads

8 投稿

9 安全な設定

次のページに続く➡

Midnight

Grainy

Gritty

Halo

Soft light

Zoom blur

Color leak

Hndheld

Moiré

Lo-res

Wide angle

Los Angels

Wavy

Paris

Melbourne

Oslo

Jakarta

Abu Dhabi

Buenos Aires

New York

Jaipur

Tokyo

Rio De Janeiro

Clarendon

Gingham

Moon

Reyes

Juno

Lark

Slumber

Crema

Ludwig

Aden

Perpetua

Amaro

Mayfair

Rise

Hudson

次のページに続く→

Valencia

X-Pro II

Sierra

Willow

Lo-Fi

Hefe

Inkwell

Nashville

HINT　フィルターの名前の謎

Instagramのフィルターは初期はカメラの名前や色を説明するようなものが大半でした。数が増えてきてネタ切れになったのか、フィルターのイメージを伝える都市の名前を使ったものも増えてきました。最初にフィルターの名前にTokyoという文字列を見たときはびっくりしたことを思い出します。またSlumber（意味はまどろみ）といった名前も使われています。またWide Angle（意味は広角）やWavy（意味は波状）のように、色ではなく写真そのものを変化させるものも増えています。フィルターは使い慣れたものばかりを使ってしまいがちです。いろいろと試してみましょう。

複数枚の写真で投稿するとき、フィルターの選び方に少し気を遣ってみましょう。似た内容の写真であれば、同じフィルターで揃えるとまとまり感がでます。内容的に違う種類の写真を並べる場合は、1枚目とは全然違う感じのフィルターを使うほうがより効果的です。

ワザ008を参考に、［新規投稿］画面を表示しておく

ここをタップすると選択したすべての写真に同じフィルターをかけることができる

❶ここを**タップ**

❷タップして写真を**選択**

❸右上の［次へ］を**タップ**

❻かけたいフィルターを**タップ**

❼［完了］を**タップ**

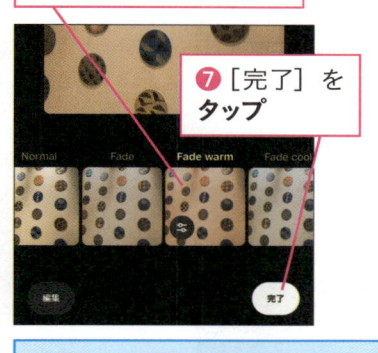

選択した写真にだけフィルターをかけることができた

❹左右にスワイプしてフィルターをかける写真を**表示**

❺写真を**タップ**

1 基本
2 フォロー
3 写真の投稿
4 写真のコツ
5 動画
6 活用
7 Threads
8 投稿
9 安全な設定

加工前の写真を確認するには

写真のフィルターはこれでいいのか、と悩むことがあります。そんなときは、加工中の写真をロングタップすると、加工前後の写真を簡単に比較できます。なお、このワザはフィルターだけではなく、編集画面でも有効なものもあります。なお、iPhoneアプリでは動作しますが、Androidアプリでは動作しません。

第3章 写真を投稿して楽しもう

加工前の写真を確認する

1 加工前の状態を表示する

ワザ026の手順3を参考に、フィルターを選択する

ここでは [Clarendon] を選択する

写真を**ロングタップ**

2 加工前の状態が表示された

加工前の写真が表示された

画面から指を離すと、再度加工後の写真が表示される

030

写真に簡単にメリハリを付けよう

Lux（ルクス）は写真そのものを調整する機能です。露出・明るさ・彩度などを総合的に調整します。右に動かすと写真はくっきりして鮮やかなコントラストの効いた感じになります。左に動かすと白っぽいぼんやりした感じになりますが、暗い部分がつぶれずに見えるようになります。

明るさやコントラストを簡単に調整する

1 写真を選択する

ワザ026を参考に、加工する写真を表示しておく

［次へ］を**タップ**

2 明るさとコントラストを調整する

ここではフィルターをかけずに明るさとコントラストだけを調整する

ここを**タップ**

1 基本

2 フォロー

3 写真の投稿

4 写真のコツ

5 動画

6 活用

7 Threads

8 投稿

9 安全な設定

次のページに続く→

3 画面を見ながら微調整する

[Lux]画面が表示された

❶ここを左右にドラッグして明るさとコントラストを**調整**

100

Lux

❷ここを**タップ**

4 明るさとコントラストを
調整できた

明るさとコントラストを調整できた

閲覧　Magnetic　love with u　Kupu - Ku　Th
　　　ILLIT　Sam Benw　Tiara Andi　La

編集　　　　　　　　　　　　　　次へ→

[次へ]を**タップ**

ワザ025の手順5以降を参考に
投稿する

HINT **Luxとフィルターは併用できる**

Luxとフィルター（ワザ026、030）はどちらかひとつを写真効果として選ぶ
ものではなく、組み合わせて使うものです。基本的にはLuxで調整してから
フィルターをかけますが、フィルターのかかり具合がいまいちというときに
Luxに戻って調整するとうまくいくときもあるので、交互に調整してみるとい
いでしょう。

第3章　写真を投稿して楽しもう

031

写真の傾きを補正するには

撮影した写真がどこかうまくきまらないとき、調整すると効果が意外と高いのが写真の傾きです。風景や建物の写真などは、水平になっていない写真を水平にするだけで、急にいい写真になるときもあります。反対に、時には大げさに左右に傾けることで、写真が化けるときもあります。

写真の傾きを水平に補正する

1 [編集]画面を表示する

ワザ026を参考に、加工する写真を選択しておく

ここでは写真の傾きを調整する

[編集]を**タップ**

2 傾きの調整画面を表示する

編集画面が表示された

[調整]を**タップ**

1 基本

2 フォロー

3 写真の投稿

4 写真のコツ

5 動画

6 活用

7 Threads

8 投稿

9 安全な設定

次のページに続く──→

3 傾きを調整する

[調整]画面が表示された

自動で傾きが調整されている

画面に表示された線を参考に、水平・垂直を調整する

ここを左右に**ドラッグ**して傾きを調整

4 調整結果を保存する

傾きを調整できた

傾きを元に戻して再調整するときはここをタップする

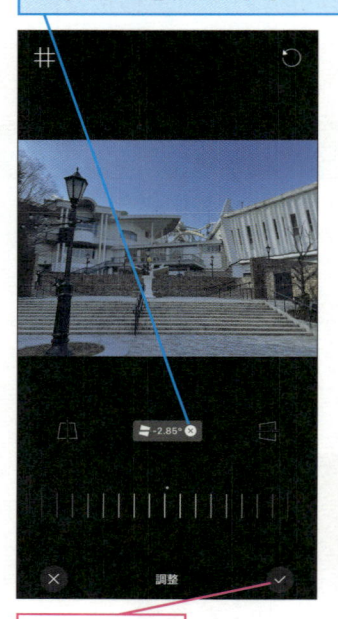

ここを**タップ**

5 写真の加工を終了する

[次へ]を**タップ**

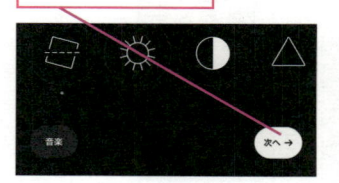

ワザ025の手順5以降を参考に投稿する

HINT 奥行きを調整するには

［調整］画面では、傾きだけではなく、写真の奥行きも調整できます。例えば、料理の写真などで奥行き調整は便利です。手前のものを強調したい場合は、手前のものを大きくしたほうがいいでしょう。全体をきれいに見せたい場合は、奥のものを大きくすることでバランスが調節できます。

●上下の奥行きの調整　　　　　　　　　●左右の奥行きの調整

❶ここを**タップ** 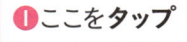　　　　　　　　　　　❶ここを**タップ**

❷ここを**ドラッグ**して
上下の奥行きを調整

❷ここを**ドラッグ**して
左右の奥行きを調整

HINT グリッドの表示を変更できる

［調整］画面で傾きやトリミング（ワザ032）を調整するとき、グリッドアイコンをタップして必要に応じてグリッドの種類を変えると調整しやすくなります。タップするたびに、グリッドの細かさを3段階で変えられます（iPhoneのみ）。

ここをタップしてグリッドの細かさを変更する

1 基本

2 フォロー

3 写真の投稿

4 写真のコツ

5 動画

6 活用

7 Threads

8 投稿

9 安全な設定

032

写真を加工して投稿する

写真の一部を
トリミングするには

写真の一部を切り取って位置や構図を調整することを「トリミング」と呼びます。写真の端に余計なものが写ってしまったときや、狙った被写体を注目させたいときなど、好きな大きさに変えて切り取りましょう。[調整]画面に見えている範囲を調節することで、トリミングができます。

第3章 写真を投稿して楽しもう

写真の一部を拡大して切り取る

1 写真のトリミングをはじめる

ワザ031を参考に、写真を選択して[調整]画面を表示しておく

ここでは写真の一部を拡大して切り取る

拡大する部分を**ピンチアウト**

2 トリミングを完了する

枠の内側が拡大された

写真をドラッグすると切り取る位置を調整できる

ここを**タップ**

ワザ025の手順5以降を参考に投稿する

033

写真の明るさを補正するには

Lux（ワザ030）で写真の調整がうまくいかないときは、編集画面で個別に調整します。中でも明るさは写真の印象を決めてしまう要素です。写真全体の明暗を調整する場合が多いですが、白く飛んでしまった部分や暗くてつぶれてしまった部分を見えるようにするためにもよく使います。

写真の明るさを補正する

1 明るさの調整をはじめる

ワザ031を参考に、手順2の画面を表示しておく

[明るさ]を**タップ**

2 効果を保存する

スライダーが表示された

❶ここを左右にドラッグして明るさを**調整**

スライダーを左に動かすと暗く、右に動かすと明るくなる

❷ここを**タップ**

ワザ025の手順5以降を参考に投稿する

次のページに続く ⟶

右サイドバー：
1 基本
2 フォロー
3 写真の投稿
4 写真のコツ
5 動画
6 活用
7 Threads
8 投稿
9 安全な設定

HINT 編集画面で使える修整ツール

写真の編集にはこれだけの要素があります。全部覚える必要はありませんが、Luxやフィルターでうまくいかないとき、どれかを調整することでうまくいくこともあります。

アイコン	説明
[調整]	傾きの調整、縦横変形、回転、拡大が行えます。
[明るさ]	明るさを調整できます。
[コントラスト]	コントラスト（明暗の対比）を調整できます。
[ストラクチャ]	輝度に対してハイライトを与える機能。写真に深みを出すことができます。
[暖かさ]	色調を調整できます。
[彩度]	色の鮮やかさを調整できます。
[色]	黄色、オレンジ、ピンクなど選択した色調を写真にプラスすることができます。
[フェード]	フィルムカメラで撮影した写真のような古びた効果を与えることができます。
[ハイライト]	明るい部分の明るさを調整できます。
[シャドウ]	暗い部分の明るさを調整できます。
[ビネット]	周囲の明るさを暗くすることで、トイカメラで撮ったような効果を与えることができます。
[ティルトシフト]	周囲、または上下をぼかすことで、ミニチュア風の効果を与えることができます。
[シャープ]	色が変わる部分を強調して、はっきりした写真にします。

034

写真を加工して投稿する

ミニチュア風の写真に
加工するには

ミニチュア風の写真にするにはティルトシフトを使って、周囲や上下を全体にぼかすとうまくいきます。向いているのはやはり風景写真、それも高いところから下を撮ったような写真です。またティルトシフトの効果は、ぼかしを使って余計なものを自然に隠すことにも向いています。

写真に［ティルトシフト］の効果を付ける

1 写真の編集をはじめる

ワザ026を参考に加工する写真を表示しておく

［編集］を**タップ**

2 ［ティルトシフト］の効果を選択する

編集画面が表示された

❶左へ**スワイプ**

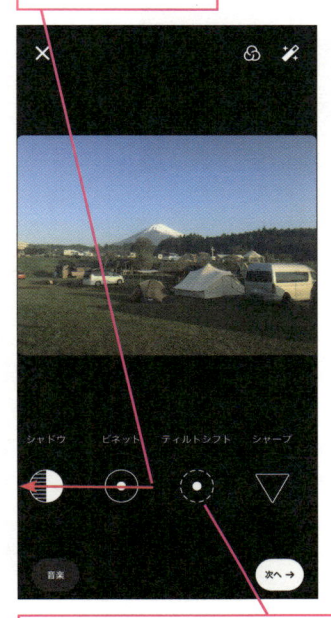

❷［ティルトシフト］を**タップ**

次のページに続く➡

3 ティルトシフトの形状を選択する

[ティルトシフト]画面が表示された

[円形]を**タップ**

4 ミニチュア風に加工された

ティルトシフトの効果でミニチュア風に加工された

ここを**タップ**

ワザ025の手順5以降を参考に投稿する

HINT　よりミニチュア感を出すには？

ティルトシフトの調整だけではミニチュア感が足りない場合、ほかの要素も調整してみましょう。一般的には[彩度]を上げるとうまくいきます。もの足りない場合は[暖かさ]も上げてもいいでしょう。ほかにも[ストラクチャ]を上げる、[コントラスト]を下げるといった調整も有効です。これらの後、仕上げに[明るさ]や[シャープ]を調整してみるのもいいでしょう。空がおかしくならない程度であれば、普段よりも大胆に調整したほうがうまくいきます。

[彩度]を上げると、よりミニチュア風になる

035

情報を加えて投稿する

写真に位置情報を付けて投稿しよう

写真や動画を投稿する際に、スマートフォンのGPS機能を利用して、地名やランドマーク、お店の名前などの位置情報を追加することができます。その投稿をどこで撮影したのか自分にとってのメモにもなりますし、位置情報をタップすると、同じ場所で撮影したほかのユーザーの写真も見ることができます。

写真に位置情報を付けて投稿する

1 位置情報の追加をはじめる

ワザ025を参考に写真の投稿画面を表示しておく

[場所を追加]を**タップ**

周辺の場所の候補からタップしてもいい

位置情報の使用許可を求める画面が表示されたときは、画面の指示に従って許可の設定を行う

2 位置情報を選択する

周辺の場所や施設が一覧表示された

ここに場所を入力して検索することもできる

目的の場所を**タップ**

次のページに続く→

できる **97**

1 基本
2 フォロー
3 写真の投稿
4 写真のコツ
5 動画
6 活用
7 Threads
8 投稿
9 安全な設定

3　位置情報を確認して投稿する

選択した場所の情報が表示された

[シェア]を**タップ**

4　投稿した写真に位置情報が付いた

場所の情報付きで写真が投稿された

HINT　位置情報から写真を探せる

投稿された写真の位置情報をタップすると、その場所の地図と、同じ場所で撮影したほかのユーザーの写真が見られます。お店の情報などは、キャプションで書くよりも、位置情報に含めると伝えやすいでしょう。ただし、自宅が特定できるような位置情報の扱いには注意しましょう。

手順4の画面で位置情報を**タップ**

同じ場所で撮影された写真が表示された

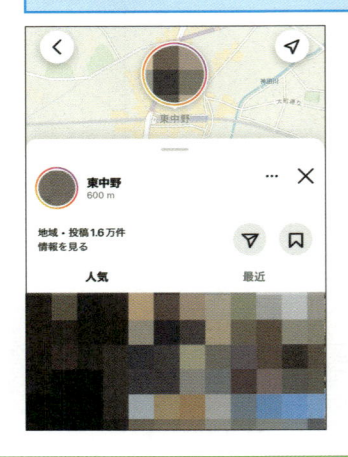

036

情報を加えて投稿する

写真に写っている人を
タグ付けしよう

投稿する写真に自分以外のユーザーが写っているときや関係しているときは、人物のタグ付けをすることによって、誰が写っているのか、誰が関係しているのかをその人やほかのユーザーに知らせることができます。人物のタグ付けができるのは投稿した本人だけです。

写真の人物にタグ付けする

1 タグ付けをはじめる

ワザ025を参考に写真の投稿画面を表示しておく

［タグ付け］（Androidでは［人物をタグ付け］）を**タップ**

2 写真のどの部分が友達か指定する

写真が表示される

タグ付けしたい友達を**タップ**

HINT **無遠慮なタグ付けはプライバシー的に要注意**

写真に写っている人が誰であるかを伝えるのにタグ付けは極めて有効です。名前だけではなく、その人のタイムラインもワンタップで伝えてくれます。しかしその人が写っているすべての写真が共有していい写真とは限りません。さらにタグ付けの間違いは見ている人を相当混乱させます。タグ付けは節度をもって正しく。

次のページに続く➡

3 ユーザーネームを入力する

検索画面が表示される

ユーザーネームを**入力**

4 ユーザーを選択する

途中まで入力したところで検索結果が表示される

該当するユーザーを**タップ**

5 タグ付けを完了する

ユーザーネームのタグが付いた

[完了]を**タップ**

6 写真を投稿する

タグ付けしたユーザーネームが表示された

[シェア]を**タップ**

7 タグを確認する

写真を1回タップすると、
タグが表示される

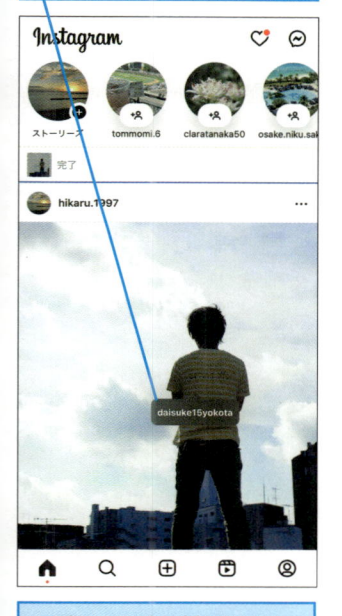

写真にタグを付けられた

1 基本

2 フォロー

3 写真の投稿

4 写真のコツ

5 動画

6 活用

7 Threads

8 投稿

9 安全な設定

HINT 自分がタグ付けされたときは

自分がタグ付けされると、吹き出しが表示され、ワザ016の［アクティビティ］画面で確認できます。同時にメッセージにもタグ付けの連絡がきます。そして、そのメッセージのほうでタグの承認と却下ができるようになっています。つまり、タグ付けというユーザーを特定できる行為については、嫌であれば却下できるようになっているということです。もちろん問題がなければ、そのまま承認すればいいだけですね。ちゃんと提示されるのがInstagramのよいところです。

タグ付けされると吹き出しが
表示される

ここを**タップ**

自分がタグ付けされた
ことがわかる

037

写真にハッシュタグを付けよう

第3章 写真を投稿して楽しもう

写真同様にInstagramを特徴づけているのがハッシュタグです。長いコメントが好まれないInstagramで、ハッシュタグは本来のタグ付け機能以上に、おしゃべりの一部として利用されています。「渋谷で食べた」と書くよりも、「#渋谷」としたほうがすっきりした投稿になるというわけです。

1 人気のハッシュタグを検索する

ワザ025を参考に写真の投稿画面を表示しておく

❶説明文にハッシュタグを**入力**

人気のハッシュタグが表示される

❷[#ハンバーガー] を**タップ**

2 人気のハッシュタグを付けて投稿する

❶[OK]を**タップ**

❷[シェア]を**タップ**

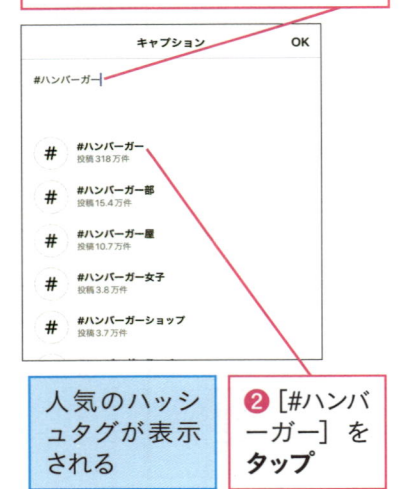

HINT ハッシュタグを入力する際の注意点

ハッシュタグをうまく動作させるためには、一定のルールを守らなければなりません。まず、「#」は必ず半角で入力してください。また、ハッシュタグとハッシュタグの間、およびハッシュタグと説明文との間は半角スペースを空ける必要があります。

3 ハッシュタグを確認する

説明文のうち、ハッシュタグの部分は青で表示された

[#ハンバーガー]を**タップ**

4 同じハッシュタグの写真を見る

[#ハンバーガー]のハッシュタグが付いた画像が一覧表示される

1 基本

2 フォロー

3 写真の投稿

4 写真のコツ

5 動画

6 活用

7 Threads

8 投稿

9 安全な設定

HINT 大量のハッシュタグを付けた投稿も多い

日本だけではなく海外でもハッシュタグを使ったコミュニケーションは盛んです。InstagramはXよりも説明文の文字数制限が長いので、特に海外では一枚の写真に10個以上（最大30個）のタグを付ける場合も多いようです。また、コメント欄を使ってさらにハッシュタグを追加することも可能です。ただし、まったく関連のないタグを付けるのは控えましょう。

HINT 表示されるハッシュタグの候補を活用しよう

よく使われているハッシュタグはよく見られているハッシュタグです。せっかく投稿した写真は多くの人に見てほしいですから、ハッシュタグを活用しない手はないのです。ハッシュタグを選ぶ際に自分の意図に近いハッシュタグの中からできるだけ投稿数が多いものを選びましょう。それだけで誰かに見つけてもらえる可能性は上がります。

038

投稿を編集する

投稿を編集するには

Instagramでは一度投稿した写真の情報を後から編集できます。編集できるのはコメントやハッシュタグ、人物のタグ付け、撮影場所などの情報です。間違えて投稿したときや、後からコメントの内容を修正したり、タグを追加する場合などに使います。

投稿したコメントの内容を編集する

1 編集したい投稿を表示する

ワザ005を参考にプロフィール画面を表示しておく

編集したい投稿の画像を**タップ**

2 編集を開始する

編集したい投稿が表示された

❶ … （Androidでは ⋮ ）を**タップ**

メニューが表示された

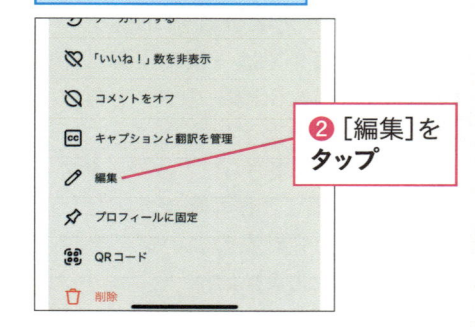

❷ ［編集］を**タップ**

3 投稿の内容を編集する

編集画面が表示された

❶ コメントの内容を**編集**

❷ [完了] を**タップ**

Androidでは右上の ✓ をタップする

4 投稿が編集された

編集された投稿が表示された

ここ（Androidでは [←]）をタップするとホーム画面に戻る

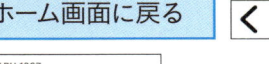

HINT 編集や削除で対応できない場合に注意しよう

後から編集できるとはいっても、写真のフィルターをやり直すなど、写真そのものへの編集はできません。写真そのものを間違えてしまった場合は投稿を削除して、再投稿したほうがいいでしょう。後からの編集でおすすめできるのは、明らかなミスの場合です。位置情報が完全に間違っている、全然関係ない人を人物タグに付けてしまったとか、そういうものです。ハッシュタグを追加するのもいいですね。

ただし、基本的には一度投稿したものは削除しないほうがいいでしょう。特にソーシャルメディア連携でFacebookやXにも投稿している場合には、Instagramで削除したと言ってもすべてを削除したことにはなりません。そして一度投稿したものを削除すると、脅かすわけではありませんが、変に勘ぐられてしまうことになりかねません。ソーシャルメディアというのはそういう世界であることは理解しておいたほうがいいでしょう。

1 基本

2 フォロー

3 写真の投稿

4 写真のコツ

5 動画

6 活用

7 Threads

8 投稿

9 安全な設定

039

投稿した写真を削除するには

投稿した写真は後から削除可能です。ただし複数の写真を選んで、一気に削除することはできません。なおこのワザの手順で表示するメニューから、投稿した写真のコメントを編集したり、コメントをオフにしたり、ほかのSNSにシェアしたりすることなども可能です。

第3章 写真を投稿して楽しもう

投稿した写真を削除する

1 削除する写真を選択する

ワザ005を参考にプロフィール画面を表示しておく

削除したい写真を**タップ**

2 写真からメニューを表示する

写真が表示された

⋯（Androidでは⋮）を**タップ**

3 写真の削除を選択する

メニューが表示された

[削除]を**タップ**

4 写真を削除する

[削除]を**タップ**

写真が削除される

HINT 削除とアーカイブの違いは？

手順3や手順4の画面に［アーカイブする］という項目があります。削除の場合はまさに削除でデータが消えてしまいますが、写真のアーカイブの場合は、投稿が非表示になるだけです。その際、表示していたときに付いていた［いいね！］やコメントもそのまま非表示になるだけで消えるわけではありません。つまり、獲得したエンゲージメントまで消えてなくなってしまうわけではないのです。もちろん、後から必要に応じて投稿を復活させることもできます。

このアーカイブの機能を使うと、投稿そのものは消したくないけど、プロフィールに並ぶ投稿を整理して、初見のみなさんへの印象をわかりやすくしたりすることができます。ほかにも、「昔投稿したけれど今はもう見せたくない、けれど消してしまうのはもったいない」なんていうモヤモヤした気持ちをとりあえず保留にすることもできますね。

1 基本

2 フォロー

3 写真の投稿

4 写真のコツ

5 動画

6 活用

7 Threads

8 投稿

9 安全な設定

COLUMN

知り合いしかこない飲食店だから
非公開アカウントでもInstagramが生命線

Instagramといえば、おいしそうな料理の写真を並べてフォロワー数を増やしてご新規さんに期待するのが普通です。しかし非公開アカウントで、それでもInstagramなしでは成り立たないというお店の話を聞きました。そこにはそのお店ならではの活用がありました。

——なぜInstagram非公開なんですか？
newTRINO　非公開といっても、一度でもお店にきてくれた人は見られるようにしています。そもそも私のお店が一見さんお断りで知り合いのつながりのみご来店可能としているので、お店と同じといえば同じなんです。

——気を付けていることなどは？
newTRINO　とにかく毎日投稿して、お客さんとのやりとりが途絶えないようにすることですね。

——どんなことを投稿していますか？
newTRINO　最初はお店のメニューとか料理の写真が多かったのですが、今は仕込み中の様子や、こんな野菜仕入れたよとか、裏側も全部見せています。

——そのほうがお客さんとしてはお店にいくきっかけになりますね。
newTRINO　そういうことだったんですよ。コロナ禍では営業以外のこともしていたのですが、そこでもInstagramに助けられました。

● **ntrinotosaki**
https://www.instagram.com/ntrinotosaki/
newTRINO
知り合いのつながりのみご来店いただける飲食店

第4章

もっと上手に
写真を撮ろう

040

撮影の基本

何を見せるかをはっきりさせよう

写真に正解はないのですが、Instagramに投稿することを前提にすると、いろいろとコツというものはあります。大原則としては、その写真でみんなに何を見せたいのかをひとつに絞るということです。複数の要素をフレームに入れてうまく撮影するなんてことは、基本あきらめておきましょう。

撮りたいものを決める

（成功例）

建物をちゃんと見せたいときは、基本は真ん中にどーんと入れてしまいましょう。ただし本当に真正面から撮影してしまうとそれはそれで全体像がよくわからなくなってしまいます。斜め手前から撮影すると、奥行きも含めて全体を見ることができる写真になります。

（失敗例）

左の写真はいろいろなものを入れようとした典型的な失敗例です。真ん中に建物がありますが、手前に木が入っています。しかも木も中途半端な感じになってしまっています。これではどこを見たらいいかわかりません。引いてダメなら寄ってみるのが基本です。

見え方や背景を決める

●背景を含めて撮影した例

いわゆる日の丸構図の写真です。複数の要素が入っているようにも見えますが、手前の様子は小さくしか写っていないので、真ん中の観覧車の大きさを強調する効果があります。上半分の空も、観覧車の周囲が抜けていることを強調しており、メインの被写体をより効果的に見せています。

●被写体に近づいて撮影した例

観覧車のような大きな被写体は中途半端な構図がいちばんダメです。この写真の場合、観覧車の手前はばっさりと切ってしまうことで、観覧車そのものをしっかり見せています。スマートフォンで撮影する場合は、限界まで近づいて、場合によっては上下が切れてもいいぐらいにあおって撮影してもいいでしょう。

HINT 外に出て撮りたいものを積極的に探そう

いい写真を撮る絶対のコツがひとつだけあります。それは何かおもしろいことが起きたときに、その場所にいるということです。テクニックも大事ですが、まずは周囲を見回して、なぜか興味を持ってしまうものを撮り続けていると写真の腕は確実に上がっていきます。周囲にいいものがなければ、出かけてしまえばいいのです。旅先で写真ばっかり撮るなんて、と言われてしまうかもしれませんが、写真を目的にしてどこかに出かけるのも楽しいものです。

1 基本
2 フォロー
3 写真の投稿
4 写真のコツ
5 動画
6 活用
7 Threads
8 投稿
9 安全な設定

041

構図のパターンを知っておこう

写真にはうまく見える基本的な構図があります。ここではその基本構図を4つご紹介します。構図の説明のために、写真だけではなく、構図のガイドもいっしょに示します。カメラの画面を見て、これらのガイドがすっと頭に浮かぶようになるといいでしょう。

伝わる構図を意識する

●日の丸構図でストレートに伝える

写真で伝えたいものを正面ど真ん中に持ってくるのが、日の丸構図です。注目しているものがストレートに伝わります。真ん中に持ってくるものの周囲は何もない状態にするか、明暗がはっきりしているといいでしょう。引いてダメなら寄ってみる。寄ってダメなら引いてみる。構図を決めるには思い切って前後に動いてみましょう。

●3分割構図ですっきりまとめる

写真の中を上下左右それぞれ3分割の集まりと考えて、その交点を意識するのが3分割構図です。被写体をバランスよく配置して、全体をきれいに見せることができる汎用性の高いテクニックです。なおInstagramアプリではなく、iPhoneやAndroidスマートフォンのカメラで表示されるグリッド線を活用してもいいでしょう。

大胆な構図で魅力的な写真にする

●対角線構図で動きを出す

写真の中にあえて斜めのラインを作って、ダイナミックさを演出するのが対角線構図です。画面に斜めの線があると、自然と奥に視線が誘導されるので、奥行き感を見せたいときや、長いものを写真に収めるのにも適しています。

●2分割構図で対比を作る

写真を左右・上下に2分割すると画面にわかりやすい対比ができ、安定感のある構図になります。作例のように上下に2等分にする場合は水平に気をつけたほうがいいでしょう。また必ずしも2等分で考えることもなく、2つの要素でより強調したいほうを大きくして引き立てるのも効果的です。

HINT　シンプルな構図と効果的な視点を意識しよう

Instagramのようにスマートフォンの画面で見ることが前提になる写真は、基本的にはできるだけシンプルな画面を心がけるといいでしょう。ここで紹介した構図も、実際にはいくつかを組み合わせて構図を探っていくことになりますが、その際にもシンプルさは重要です。また、構図がうまく決まらない場合は、視点そのものを変えてしまったほうが効果的なことも少なくありません。写真は普通撮りたいものに対して正面にカメラを向けるものですが、真上から撮影したり、カメラ本体を下に構えて見上げるように撮ってみるのもいい手です。いずれにしろ、あれこれ悩むより自分が動いたりスマートフォンの位置を動かしたりするほうがいい写真になるものです。

1 基本
2 フォロー
3 写真の投稿
4 写真のコツ
5 動画
6 活用
7 Threads
8 投稿
9 安全な設定

042

料理をおいしそうに撮るには

Instagramの写真の中でもいちばん需要があるもののひとつが食べ物の写真です。被写体として身近なので、共感してコメントなどを集めやすく、特別感を演出することもできる万能な素材です。そして、何しろ1日3回シャッターチャンスがあります。いくつかコツを見ていきましょう。

第4章

もっと上手に写真を撮ろう

構図や明るさの基本テクニック

●お皿を真上から撮る

お皿を真上から撮影するのは、ほかではあまり見ませんがInstagramではよく使われる手法です。というのもお皿はたいてい丸いので、その丸を正方形の写真のど真ん中に置くのがよくマッチするのです。

●明るさを重視して撮影する

料理の写真で、なかでも重要なのが照明です。それは照明の光が料理の見た目に大きな影響を与えてしまうからです。明るい店と暗い店があるように、明るければいい、暗ければいいというものではありませんが、明るさはとても大事で、いちばん最初に気にすべきことだということをお忘れなく。

料理を強調しておいしさを伝える

●お皿をあえて全部写さない

お皿を全部写そうとすると、全体を
ぼんやりと撮ることになってしまい、
写真からメリハリがなくなってしまい
ます。そこでまずはお皿を全部撮る
のをやめてみましょう。それだけで、
目の前の料理の中で強調すべきとこ
ろを素直に撮れるようになるはずで
す。

●アップで撮ってシズル感を出す

みんな大好きお肉写真。お肉のよう
においしさがストレートに出やすい
ものは、普段よりもぐっと寄って撮る
と質感などが見えていい写真になり
ます。また寄れない場合は、普通に
撮ったものをトリミングするのもいい
でしょう。

1 基本

2 フォロー

3 写真の投稿

4 写真のコツ

5 動画

6 活用

7 Threads

8 投稿

9 安全な設定

HINT 　音の効果があるものは動画でもいい

食べ物に対する、いわゆるシズル感というものはいろいろとあります。見た
目、におい、そして意外と心を動かすものが音です。鍋のぐつぐつ煮える音、
肉が焼ける音、ほかにもいろいろとあります。こういういわば音も食べるよ
うな料理の場合は、数秒の短い動画でもがつんとおいしさが伝わります。

043

テーマ別のテクニック

スイーツや飲み物を撮るには

食べ物の中でも別ジャンルと言えるのがスイーツや飲み物、つまりカフェ系の写真です。被写体そのものも大事ですが、文字情報や周囲の状況なども写真の空気を作るには重要な要素です。ものを撮るというよりも、周囲の環境や雰囲気も撮るのがいいでしょう。

第4章

もっと上手に写真を撮ろう

スイーツの質感やその場の雰囲気を伝える

●つやの出る角度を探して撮る

スイーツでシズル感を出すにはなんといっても砂糖などが生み出すつやを逃さないことです。お皿ごとぐるぐると回して、つやの出る角度を探しましょう。またカフェなどで出してくれるスイーツはお皿やカトラリーも含めて撮ってみましょう。

●背景にもこだわって雰囲気を出す

雰囲気まで含めてInstagramに投稿するには、背景も大事な要素です。せっかくのきれいな白いカップも、狭いテーブルに置かれていて、ごちゃっとした店内が背景だったら台無しです。Instagramで「#スタバ」からの投稿が多いのもこれが理由でしょう。

飲み物は色やラベルで特徴を伝える

●真上や奥からの光で撮る

グラスに入っている飲み物は、その透明感を生かしましょう。真上から撮れば、光が表面に反射しているところがうまく捕まえられるでしょう。またグラスの後ろから光が当たれば、ガラスと液体から光が漏れるところが捕まえられますね。

●瓶の飲み物はラベルも撮る

カフェなどで飲み物を瓶のまま出すところがありますね。そういう瓶はおしゃれなラベルを使っていますし、そうでなくてもラベルというのは情報が詰まっていて、同時にちゃんとデザインされていますから、被写体として優れているのです。

1 基本

2 フォロー

3 写真の投稿

4 写真のコツ

5 動画

6 活用

7 Threads

8 投稿

9 安全な設定

HINT　撮影したお店の位置情報も入れておこう

Instagramでは写真やキャプション以外の場所に、位置情報を別枠で入れることができます（ワザ035）。これはわざわざ文字で書かなくても正確なお店情報が、しかも簡単に入力できます。同時に、興味を持った人だけがお店情報を探せるという意味で、スマートな伝え方と言えるでしょう。

044

テーマ別のテクニック

人物を魅力的に撮るには

人物写真は、初心者がうまく撮るのがいちばん難しい領域です。そこで、まずは基本構図というものがあることを知るのがいちばんの近道でしょう。このワザで解説する基本的な構図は、どんな印象の人物写真を撮りたいかによって使い分けます。

人物をきれいに撮る

●自然光で明るく撮る

人物写真をきれいに仕上げる最初のコツは、肌色をどう仕上げるか?ということです。結局、「いかに顔が自然に撮れるか」というところが人を撮るときの大事な部分だからです。肌色をきれいに撮るには自然光が基本です。日の光が差している窓際などを探して撮りましょう。また、昼間の強い光よりも朝方のやさしい光のほうがおすすめです。つまり人をきれいに撮るなら午前中がおすすめ。

●上から見下ろす角度で撮る

人ををうまく撮ると言っても、何もむやみに笑顔を作ることではありません。問題は撮り方によって、必要以上に暗い表情やこわい感じになってしまうのを避けるだけでかなりよくなります。手を伸ばしたりして上からスマホで見下ろすように撮ると、自然と明るい表情に撮れます。カメラを見下ろすように撮ると、暗くてこわい顔になってしまいます。

距離を工夫する

●建物の背景から離れて撮る

建物を背景とした観光地などの記念写真では、人物と建物の間に十分距離を取ります。そしてカメラは人物に近づけます。こうすることで、建物の全体と人物の表情を同時に撮影することができます。反対に建物と人物の間が近すぎると、人物から離れて撮影することになり、人物の表情が見えなくなってしまうのは言うまでもありません。

●寄って撮ると親近感が出る

寄るときは大胆に思い切って寄るほうが、親密な雰囲気の写真になります。それこそ、写真から見切れるぐらいに寄ってしまうぐらいで問題ありません。適度な距離を探す場合も、まずはいちばん近くまで寄ってしまってから、徐々に離れていくほうがいいでしょう。

●離れて撮るとクールな印象に

今度は反対に引いて撮る場合です。全身が入るぐらいまで引くとクールな印象になります。頭や足元に空間を作るぐらいのつもりで引いたほうがいいでしょう。適度な距離を探す場合、逆に一度いちばん遠くまで引いてしまってから、徐々に近づいていくほうがいいでしょう。

1 基本

2 フォロー

3 写真の投稿

4 写真のコツ

5 動画

6 活用

7 Threads

8 投稿

9 安全な設定

045

動物をいきいきと撮るには

Instagramで人気があるのが、やはり犬や猫といったかわいい動物たちの写真です。しかし動物は小さく、目線の動きも人とは違います。あまり言うことも聞いてくれませんし、人とはまったく違う素早さで動いたりします。ここではそんな動物の表情をうまく撮るヒントを紹介します。

第4章

もっと上手に写真を撮ろう

連写でかわいい表情を捉える

●連写機能を使う

動物の写真を撮るときは、まずは連写を使ってみましょう。iPhoneの場合はカメラアプリでシャッターを長押しすることでバーストモードになり、連写できます。Androidの場合は長押しで連写になるもの、連写モードがあるものなどいろいろとあります。無料でも連写に特化したようなアプリもあります。いろいろと試してみましょう。

●動物が喜ぶおもちゃを使う

動物写真こそ何度も撮るしかないジャンルです。何しろ相手が写真だからといって止まってくれるわけではないですから。また普段遊ぶように音の鳴るものを使ったり、いつものおもちゃを使ったりしましょう。また目線が欲しい場合は、レンズの近くでおもちゃを使うといいでしょう。

動物の姿をいきいきと撮る

●自然光で毛並みを見せる

動物写真でハッとさせられるのは人物では見ることができない毛並みを見たときです。この毛並みを見せるには、やはり光です。あえて動物の後ろに強めの光源を置いて、奥から光がくるようにすると、その光で毛のふわふわした感じを出すことができます。

●頭部のアップで目の表情を撮る

人物と同様に、動物のくりくりとした目や表情を捉えるには、思い切ってアップで撮りましょう。目だけではなく、頭部を真上から撮る流行もあります。スマホで見ることを考えると、パーツを愛でるような感覚に納得感があります。

●上から狙ってかわいく撮る

正面がダメなら真上から撮ってみよう、というのは動物写真でも同様です。真上からカメラでのぞき込むようにすると、動物も見つめ返してくれるので、比較的かわいい表情が撮りやすくなります。

1 基本
2 フォロー
3 写真の投稿
4 写真のコツ
5 動画
6 活用
7 Threads
8 投稿
9 安全な設定

046

テーマ別のテクニック

青空や夕日を美しく撮るには

晴れた青空、変わった形の雲、きれいな夕日の風景。空の写真は誰でも共感できる鉄板の写真です。空だけではなく、ほかのものと組み合わせると、お互いを引き立てることもできます。また誰もが撮る被写体であるが故に、ひと工夫する効果が高いテーマでもあります。

被写体を写り込ませて空を強調する

美しい青空を普通に撮影してもいいですが、画面の端に少しだけ被写体を写り込ませると、被写体がより引き立つことがあります。看板やランドマークを端に入れると、そのときの天気などが表現できます。それだけではなく、雲の位置などでも写真に演出効果を与えることができます。また夕日などの風景を撮るときは、画面の下のほうに建物などを入れ込むことで空の広さを表現しつつ、風景の雄大さも表現することができます。

水平に注意する

空と海などを撮ると、どうしても水平線が目立ちます。その水平線をきちんと水平に調整することで、画面に安定感が出て、空の印象も良くなります。ワザ031を参考に、写真の傾きを調整しましょう。またスマホを塀などの水平な場所に置いて撮影するのもいいでしょう。iPhoneなら標準の［方角］アプリの水準器機能が利用できます。

より鮮やかに見える加工をする

ティルトシフト（ワザ034）を使ってミニチュア風の風景で空を仕上げる場合などは、普段よりも鮮やかな色調に仕上げると、よりポップな感じになって、全体の仕上がりが良くなります。普段よりもちょっと思い切りよく暖色気味にしてみると、いい結果になるでしょう。

1 基本
2 フォロー
3 写真の投稿
4 写真のコツ
5 動画
6 活用
7 Threads
8 投稿
9 安全な設定

HINT　窓ガラスの写り込みがないように撮るには

車窓などガラスごしの風景を撮るとき、どうしてもガラスの反射で余計なものが写り込んでしまうことが多いです。普通のデジカメなどでは、カメラの周囲をカーテンなどで囲んで暗くしてしまうという手があります。しかしスマートフォンの場合はもっと簡単な手があります。スマホはレンズがほとんど前に飛び出していないので、窓ガラスにスマホそのものをぴったり密着させてしまいましょう。そうすることで、窓ガラスの写り込みを防止することができます。

047

テーマ別のテクニック

雑貨をおしゃれに撮るには

日常生活の中でちょうどいい被写体が雑貨です。おしゃれで色とりどりの雑貨はとても写真映えします。ただ、それをただ雑然と撮影しても、写真としてはおもしろみがありません。身の回りの雑貨で自分のカタログを作るような感じをイメージするといいでしょう。

不要なものは写さないようにして生活感を消す

（成功例）

雑貨は、使っているそのままの姿で並べてもなかなか絵になりません。自分なりのテーマ設定を持ってみると、写す雑貨を選びやすくなるでしょう。さらに色味などを揃えるとなおいいでしょう。また実際の写真を撮る際には、周囲から余計なもの（特にゴミ箱など）を消すといいでしょう。そういった少し細かいことに注意することで、写真がすっきりして見た目のいいものに仕上がります。

（失敗例）

影をあえて積極的に付けてみる

雑貨のような小さいものを被写体とするときでも光は重要です。小さいものですから、位置や向きを自由に変えられるので、雑貨だけではなく雑貨の影も意識して合わせて構図を探るといいでしょう。ただ難しく考えることはなく雑貨と影で遊ぶような感じにすると、自然といい写真になるでしょう。例えば、光を一方向にして大きいものを光源側に置くと影ができて雑貨に立体感が出ます。

1 基本

2 フォロー

3 写真の投稿

4 写真のコツ

5 動画

6 活用

7 Threads

8 投稿

9 安全な設定

HINT 商品名やブランド名をハッシュタグで示そう

雑貨の写真を投稿するときには、商品名やブランド名でハッシュタグを付けておくと、その商品やハッシュタグのファンのみなさんに見てもらえることにつながります。またできれば具体的な名前のほうがいいでしょう。例えば「#スニーカー」よりも「#ニューバランス」のほうがいいということです。

048

花や植物を上手に撮るには

美しい草花は人気のある被写体です。自分の部屋にある花や花束のほか、花見や紅葉狩りなどもいいシーンです。原っぱや公園でも草花にクローズアップすることで、普段とは違う写真になることもあります。ここでは草花を撮るときのアイデアをいくつか紹介します。

第4章

もっと上手に写真を撮ろう

あえて逆光で透かして撮る

花は普通に撮影するだけでもきれいなものです。引いて全体を撮ってもいいですし、寄って花だけをアップにしてもいい写真になるでしょう。引いてよし、寄ってよし、それぞれに違う魅力があります。また、花びらを光ごしに撮ると、花に透明感が出て幻想的な写真に仕上がります。ほかにも木の葉のような光が抜ける被写体であれば、これも光の向きを調整して光が透けるようにすると、仕上がりを調整することができます。

花を単体で撮ったり、満開の桜の木全体を撮るのもきれいなものですが、少し寄ってフレーム全体を花で埋めるようにすると模様のような写真になります。花を撮るというよりも、花や紅葉などの中から模様になりそうな場所を探して寄ってみるとうまくいきます。またスマートフォンのカメラのレンズは基本的に接写にあまり強くないので、一度撮影したものを大胆にトリミングしてみるのもおすすめです。

1 基本

2 フォロー

3 写真の投稿

4 写真のコツ

5 動画

6 活用

7 Threads

8 投稿

9 安全な設定

HINT　あえてモノクロにしてみる

写真をモノクロにすると光と影と形だけの世界になります。つまり植物の形がよく見えるようになるのです。同時に生活感も消えて、スタイリッシュさが演出されます。また、これは少し奥の手ですが、色を調整しても気に入らないとき、モノクロにしただけでピタッといい写真になるときもあるのです。

広角写真を上手に撮るには

スマホの写真機能が進化する中、それまでスマートフォンでは難しかった広角・超広角の機能をもった機種が増えてきました。広角には、広い場所を一気に撮れる、狭く後ろに下がれない場所でも撮影できるなどいいところがたくさんあります。ただし周辺部がゆがみやすいなどのデメリットもあるので、そこはご注意。

第4章

もっと上手に写真を撮ろう

広角写真の特徴を理解する

●広い場所

広角ですから、当たり前ですが、広い場所が広いまま撮れます。そしてよりパースがかかった写真になります。そのため、それこそ消失点が見えるような抜けた場所では、水平がちゃんとしていないとどうにも居心地の悪い写真になりがちです。うまく撮れなかった場合、投稿する前に編集の傾き調整を使うと、うまく調整できるでしょう。場合によっては縦と横の調整も使うとよりいいでしょう。

●狭い場所

広角がもうひとつ威力を発揮するのが、うしろに下がれない室内や車内などでの写真です。これまでどうしても画面に入り切れなかったような全体の様子を1枚の写真におさめることができるのはすばらしい限りです。ただし、この場合画面の端のほうが実際よりも大きく撮れてしまったり、ゆがんでしまったりします。なお、狭い場所での撮影の場合、あえて大きく傾けてしまうのも手です。

上下を意識して印象的な写真を撮る

●手前に人やものを配置して上から

どうしても奥まで抜けた写真が撮れてしまうのが広角です。そのため、普通の写真よりも、いわば3次元的な効果のある写真になります。つまり、手前の被写体をよりよく見せるために、奥に写るものをより意識する必要があります。上から撮った場合には、地面まで広く撮ることができます。もちろん人は上半身が強調されるので、そこを逆手に取った構図を心がけるといいでしょう。

●手前に人やものを配置して下から

上から撮影する以上に、広角の効果を体感できるのが下から撮った写真です。理由は、空をたくさん入れることができるからです。Instagramでは、とりあえず困ったら空というのは鉄則です。またそんなに極端に被写体を下から撮らなくても、楽に空が入るのもありがたいです。特に手前に人を配置して撮る場合は、顔を下からあおりすぎるのは禁物です。

1 基本

2 フォロー

3 写真の投稿

4 写真のコツ

5 動画

6 活用

7 Threads

8 投稿

9 安全な設定

HINT　何を見せたいのかをより意識

撮った人が何を見ていたのかがはっきりとわかるのがいい写真です。そして広角はそれがいちばんはっきりわかってしまう画角です。広角では画面の中にたくさんの要素が写ってしまうからこそ、何を中心に見せたいかをはっきりさせましょう。

テーマ別のテクニック

望遠写真を上手に撮るには

スマートフォンのカメラ機能の進化は、その薄さでは構造的に難しいとされてきた望遠機能まで到達してきました。各メーカーともまさにアイデアを詰め込んで、ひと昔前のコンデジのスペックを上回るような、10倍や100倍といった望遠写真を実現しようとしています。

第4章

もっと上手に写真を撮ろう

望遠写真の利点

▼(望遠例)

撮影で望遠を使うとねらいたいものを手元に引き寄せて撮ることができます。広角との比較写真を見れば、その効果は絶大です。最近はスマートフォンでも高画素で撮影できるものが増えたので、トリミングすれば近いものを実現することはできます。でもいざトリミングをしてみると意外と考えていたような写真になりません。それは風景全体が入っているときに撮る構図と望遠で寄ったときの構図は違うということ。そしてトリミングしてみると、ブレが目立ってしまうためです。最初から望遠で撮影すると画面上でブレにもすぐに気が付くので、後で加工する際にがっかりすることも少なくなるでしょう。

小さいものを撮る

●虫は望遠向き

写真のような花にとまっているチョウ。チョウをつかまえようとしたことがある人ならわかると思いますが、こういう虫は人が近づいていくとすぐに逃げてしまいます。そんなときに役立つ望遠。ただし、被写体が小さいとさらに手ぶれが目立ちます。スマートフォンをしっかり固定して、撮影しましょう。

●原っぱの花

草の中にある花なんていうのもいい被写体です。でも、普通に撮ってしまうと花と草が同じように撮れてしまいます。こういうときも望遠を使いましょう。背景がぼけて、花だけが浮かび上がるような写真になるでしょう。また花の高さとスマートフォンを構える高さを揃えると、なお効果的になるでしょう。

1 基本

2 フォロー

3 写真の投稿

4 写真のコツ

5 動画

6 活用

7 Threads

8 投稿

9 安全な設定

> **HINT** **望遠写真は手ぶれ注意**
>
> 望遠写真を実現している技術にはデジタル望遠と光学望遠があります。デジタル望遠は加工技術。光学望遠はレンズ技術で望遠を実現していますが、実はどちらも通常の写真よりも手ぶれに対してシビアになります。夜景写真並みに手ぶれしないようにしましょう。

旅の記録を投稿しよう

旅というのはそもそも日常から離れた時間です。普段見ることができない被写体であふれています。いい旅の写真は、後で見返すといい思い出になります。そのため、ただきれいなものを撮るだけではなく、看板や日付など記録を意識した写真も撮っておくのがおすすめです。

文字や写真を組み合わせよう

●文字を組み合わせる

旅先の観光地には写真映えのするランドマークや建物などがあります。ただ、せっかくの旅ですからそこに到着するまでの駅の写真、電車の写真、パーキングエリアなど、旅の道すがらの写真も撮っておくといいでしょう。その際には風景だけではなく、看板の文字情報なども順番に入れておくと、いい旅日記となるでしょう。特に海外に行ったときは、券売機や案内板の表示なども異文化のいい記録になります。

●旅のダイジェストに地図を追加する

旅先というのは意外と忙しいものです。移動日などは日程が詰まっていて、投稿している余裕がなかったりします。そこで写真をポイントごとに撮るだけ撮っておいて、地図アプリのスクショもいっしょに撮っておきましょう。宿に着いてから、そのスクショにメモを追加して、いっしょに投稿すれば、旅日記風の投稿になります。

テーマを決めて投稿しよう

企業の利用なども進んでいるInstagram。思い切ってひとつのテーマに絞って
アカウントを運用するのもいいアイデアです。テーマを決めると自由に撮ること
はできなくなりますが、投稿に特徴を出しやすくなります。テーマを求めて自分
が行動するきっかけにもなります。

ひとつのテーマに沿って撮る

●同じ場所での定点観測

毎日眺めている職場からの風景や駅
の風景などは、1日単位で見ていると
それほど意味があるようにも思えま
せんが、毎日同じ場所で定点観測的
に撮り続けていると、ひとまとまりの
写真には意味が出てきます。例えば、
築地の市場跡ひとつとっても、1年も
経つといろいろなことが変わってき
ています。これは同じ場所で撮り続
けていないと見えないものです。ま
たそもそも日本には四季があります
から、それほど変化のない場所でも、
同じ場所で撮り続けることに意味が
出やすい風土です。

●「看板」をテーマにした例

撮影する被写体をひとつのテーマに
するのも楽しいものです。色縛り、
形縛り、ネタ縛りなどです。ただテー
マを決める場合には、ある程度狭
くしたほうがいいでしょう。例えば、
看板は看板でも交通系の案内看板に
絞る、というようにしておくと特徴が
出やすいのです。

053

投稿のアイデア

スマホ以外のカメラで
撮影してみよう

第4章

もっと上手に写真を撮ろう

ここぞというときはデジタル一眼カメラを使うと印象的な写真を残すことができます。Instagramではっとする写真を目にすることがありますが、それらの写真はけっこう一眼カメラで撮られたものだったりします。デジカメで撮影した写真を投稿するには、データをスマートフォンにコピーします。

SDカードにある写真をiPhoneにコピーする

iPhoneの操作

1 SDカードリーダーを iPhoneにつなぐ

別売りのLightning – SDカードカメラリーダー（税込4,800円）を用意しておく

iPhone 15以降は、USB-C – SDカードリーターを使う

SDカードに一眼カメラで撮影した写真のデータをコピーしておく

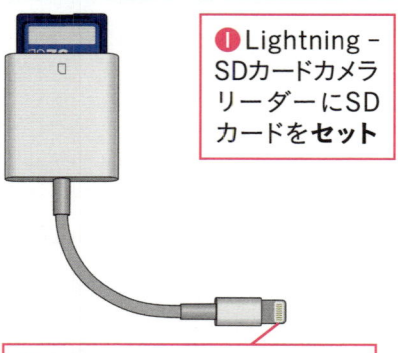

❶Lightning – SDカードカメラリーダーにSDカードを**セット**

❷iPhoneのLightningコネクタに**接続**

2 [読み込む]画面を表示する

[写真]アプリを起動しておく

[読み込む]を**タップ**

一部の写真だけを読み込むときは、読み込みたい写真をタップする

3 写真を読み込む

SDカードに保存された写真の
一覧が表示された

❶[すべてを
読み込む]を
タップ

一部の写真だけを読み込むときは、
読み込みたい写真をタップする

写真の読み込みが完了した

[読み込み完了]のメッセージが
表示された

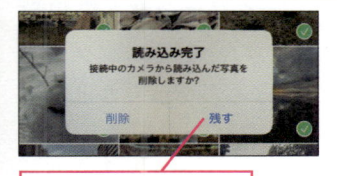

❷[残す]を**タップ**

[削除]をタップするとSDカード
から写真が削除される

4 読み込みが完了した

Lightning－SDカードカメラリーダー
をiPhoneから抜く

読み込んだ写真が日付とともに
表示された

写真はカメラロールに
保存されている

スマートフォンで撮った写真と同様
にInstagramに投稿できる

1 基本
2 フォロー
3 写真の投稿
4 写真のコツ
5 動画
6 活用
7 Threads
8 投稿
9 安全な設定

HINT Androidで写真を読み込むには

最近のデジタルカメラは、アプリからスマートフォンに写真を転送できる機
能を備えているものが増えています。まずはそのアプリを試してみましょう。
またUSB Type-C端子のあるスマートフォンであれば、普通のUSB Type-C
のSDカードリーダーもだいたいそのまま使えます。転送が速いのはカード
リーダーのほうですね。

054

投稿のアイデアを探すには

どうにもInstagramに投稿する写真が思いつかないというときもあります。そんなときにはどうすればいいのか。ここではネタの探し方のヒントをいくつかご紹介します。いつもの自分とは違う視点さえ見つければ、ネタはいくらでもあるものです。

ほかの人の写真を参考にする

●人気のハッシュタグを検索してみる

いい写真が思いつかないという人ほど、実はほかの人の投稿を見ていなかったりします。Instagramのフィードに流れてくる写真だけではなく、ハッシュタグから写真をたどってみましょう。人気のハッシュタグには人気のある理由があるものです。また人気のハッシュタグは自然と投稿数が増えるものです。ハッシュタグを付けるときには、どんどん精度が上がっているハッシュタグの候補表示機能を使います。いきなり決め打ちでハッシュタグを入力するのではなく、投稿しようとしている写真に関係ありそうなキーワードを適当に入力していきます。「#渋谷」や「#料理」「#冷蔵庫」という感じです。そうすると、そのキーワードに関連したハッシュタグがズラズラっと表示されていきます。大事なのは、その横にある投稿数です。「公開投稿xx件」という具合に実際に投稿されている数が表示されています。投稿数ばかりを気にして、投稿と関係ないハッシュタグを使うのは無意味ですが、この数字はハッシュタグ選びの大きな参考になります。

昔の写真を使い倒す

投稿する写真というのは、何も新しい写真だけに限る必要はありません。1年前の写真、5年前の写真、10年前の写真など古い写真をひっくり返すと、寝かしている時間が長ければ長いほど、懐かしいだけではなく新しい視点を得られるでしょう。

1 基本

2 フォロー

3 写真の投稿

4 写真のコツ

5 動画

6 活用

7 Threads

8 投稿

9 安全な設定

HINT　ポラロイド写真を [Poraloid]アプリでスキャンしよう

デジカメが発達しすぎた反動のせいか、フィルムに回帰する動きが出ています。また復活したポラロイド写真は独特の色味や手書き欄があることで人気が出てきています。Polaroidの公式アプリのフォトスキャナー機能を使えばきれいにそのままスマホに取り込むことができます。

[Poraloid]アプリを使えば、ポラロイド写真をスキャンしてInstagramに投稿できる (iPhone対応)

[Poraloid] アプリ

COLUMN

困ったときは「空の写真」!?
データから見るInstagram

Instagramのデータを収集して、フォロワー数ランキングや自分のフォロワーが興味あるハッシュタグなどの情報を提供しているのが、User Localが運営する「Instagram 人気ランキング」です。そこでUser Localの伊藤将雄さんに、好感を持たれるInstagramの写真についてお話を伺いました。

「例えばおじさんは放っておくといいお店とかをインスタにアップしはじめて、かえって嫌われがちなんです。また高級ブランドを扱っても自慢げに見えてしまいますよね。百均とか安いブランドを組み合わせておしゃれに見せるのが日本のインスタですから。だから、誰にも嫌われない空の写真をアップしておくのがいいんです。実際、空の写真は［いいね！］が付きやすいんですよ。データ上でもその傾向ははっきりしています」（伊藤さん）

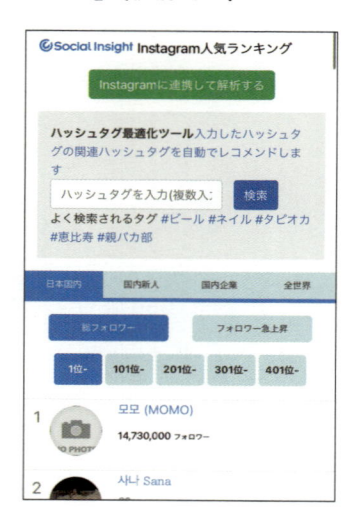

●Instagram 人気ランキング
https://instagram.userlocal.jp/
Instagramのアカウントでログインすると、自分のランキングや人気の投稿も見られる。

第5章

動画を楽しもう

055

動画を再生するには

写真だけであったInstagramに動画の機能が追加され、今ではたくさんのユーザーに使われるようになってきました。動画はフィードに流れてくると自動再生されますが、音声は最初はオフの状態です。音声を聞くためには画面をタップして、音声をオンにする必要があります。

動画の音声をオンにする

1 動画の音声をオンにする

音声を聞きたい動画を表示しておく

動画を**タップ**

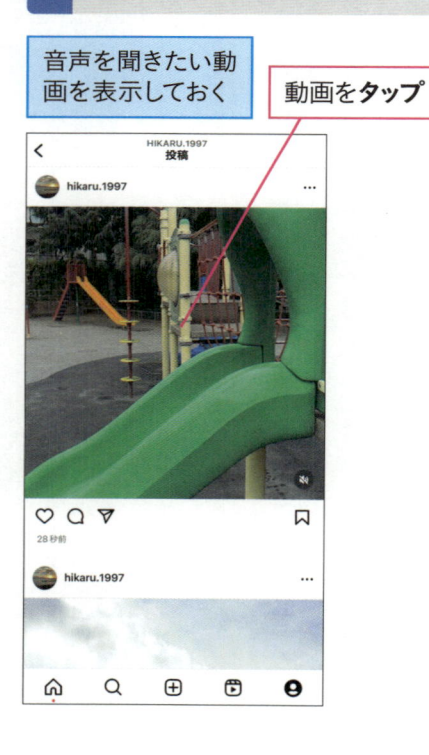

2 音声がオンになった

音声がオンになり、再生された

再度動画をタップすると音声がオフになる

056

撮影した動画の長さを
調整して投稿するには

すでに撮影した動画を投稿する場合、時間の前後を調整して見せたい部分だけを投稿したほうがいい動画になる場合が多いです。不要な部分の編集機能まであるのは、Instagramがそのことをよく知っているからでしょう。調整も簡単で、始点と終了点を指定するだけです。

投稿する前に動画の長さを調整する

1 投稿する動画を選択する

❶ここを**タップ**

[新規投稿]画面が表示された

❷動画を**タップ**して選択

❸[次へ]を**タップ**

2 動画の編集を開始する

動画の編集画面を表示する

[動画を編集]を**タップ**

次のページに続く→

1 基本
2 フォロー
3 写真の投稿
4 写真のコツ
5 動画
6 活用
7 Threads
8 投稿
9 安全な設定

3 動画の長さを調整する

動画の編集画面が表示された

❶[編集]を**タップ**

開始点と終了点を設定する

❷ここを左右に
ドラッグして開
始点を調整

❸ここを左右に
ドラッグして終
了点を調整

4 動画の長さを調整できた

動画が短くなった　　[→]を**タップ**

ワザ025の手順5
以降を参考に投
稿する

HINT 動画にもフィルターを
かけられる

Instagramの特徴といえばフィル
ターです。静止画だけではなく
動画にもフィルターをかけられる
のですが、意外と使っている人
を静止画ほど見かけません。そ
の場で撮影した動画だけでなく、
撮影済みの動画にもフィルター
はかけられます。手順3の画面で
下部を左にスワイプして[フィル
ター]をタップしてください。静
止画と同じフィルターをかけられ
ます。フィルターひとつで動画の
印象はガラッと変わることもある
ので、時間調整と同時にフィル
ターも試してみることをおすすめ
します。

057

動画を楽しむ

再生前のカバーフレームを設定するには

動画はInstagramに投稿された際には、カバーフレームがいわば動画の表紙として表示されます。カバーフレームは自動的に設定もされますが、自分で動画の中の好きな場面をカバーフレームとして設定することもできます。いちばん気に入っているところを設定するのをおすすめします。

動画の一部をカバーフレームに設定する

1 投稿する動画を選択する

❶ここを**タップ**

❷投稿する動画を**タップ**して選択

❸ [次へ]を**タップ**

2 [新規投稿]画面を表示する

動画の長さを調整したいときは、[動画を編集]をタップする

[次へ]を**タップ**

3 カバーフレームの設定を開始する

[新規投稿]画面が表示された

[カバーを編集]を**タップ**

4 カバーフレームにする
コマを選択する

5 プロフィール画面で
カバーフレームを確認する

❶ここを左右に**ドラッグ**して
カバーフレームを選択

ワザ005を参考にプロフィール
画面を表示しておく

❷［完了］を**タップ**

カバーフレームが設定された

ワザ025の手順5以降を参考に
投稿する

手順4で選択したコマがカバー
フレームとして表示された

HINT カバーフレームって何？

Instagramの動画はタイムライン（フィード）に流れてくる場合は、基本的に自動再生されます。この場合、カバーフレームは一瞬表示されるだけです。ではカバーフレームはInstagramの中のどこで活用されているのでしょうか。ひとつはプロフィール画面の3×3マスのタイル状の表示部分です。この画面では動画は自動再生されないので、カバーフレームがずっと表示されています。またブログなどに動画が埋め込みで貼られた場合も、カバーフレームが表示されます。
いずれにしても、この動画のカバーフレームを見る人たちは、みなさんにとってのいつものフォロワー以外の人である可能性が高いわけです。せっかく投稿した動画ですから、多くの人に見てもらうためにも、動画の中身がすぐに理解できる画像をカバーフレームにしておくべきでしょう。

058

リールでショート動画を
投稿するには

ショート動画の流行を受けて、Instagramでもすっかりリールでショート動画を見られることが増えてきました。たしかに縦動画が次々に出てくると見続けてしまうものですから、見てほしい動画はまずはリールで投稿してみることをおすすめします。

リール動画を投稿する

1 リールの投稿画面を表示する

❶ここを**タップ**

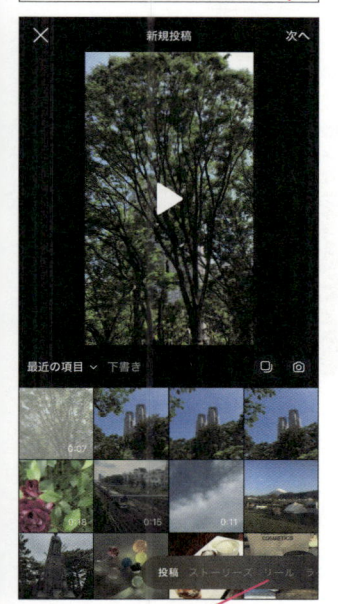

❷ [リール]を**タップ**

2 投稿する動画や写真を選択する

ここでは動画を投稿する

[カメラ] をタップすると、その場で撮影した動画や写真を投稿できる

投稿する動画を**タップ**
（Androidでは**ロングタッチ**）

次のページに続く —→

---

1 基本
2 フォロー
3 写真の投稿
4 写真のコツ
5 動画
6 活用
7 Threads
8 投稿
9 安全な設定

3 投稿する動画が選択された

チェックマークが付いて投稿
する動画が選択された

複数の動画や写真
を投稿したいとき
は、同様にタップ
（Androidはロングタ
ッチ）してチェックマ
ークを付ける

［次へ］を
タップ

4 動画の長さを調整する

Androidは左下の［動画を編集］を
クリックして手順4の操作を実行し、
左上の◯をタップして手順4に進む

❶ここを左右に**ドラッグ**して
開始点を調整

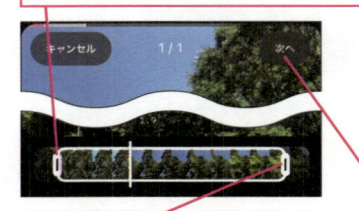

❷ここを左右に**ドラッ**
グして終了点を調整

❸［次へ］
を**タップ**

5 エフェクトを付ける

❶ここ（Androidは下部に
表示された◙）を**タップ**

❷エフェクトを選択して
タップ

6 エフェクトの選択画面を閉じる

選択したエフェクトが付いた

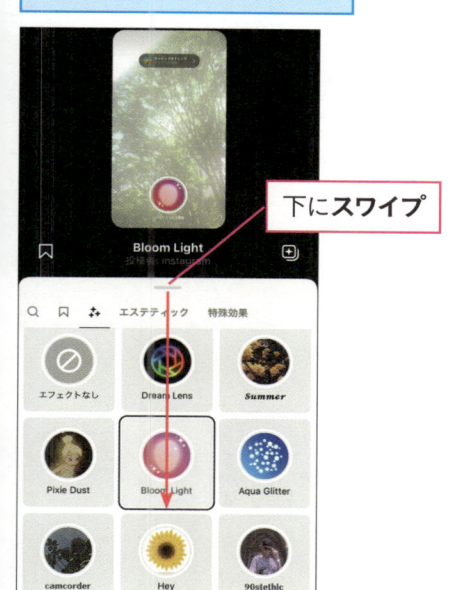

下に**スワイプ**

7 ［新しいリール動画］画面を表示する

さらに効果を付けたいときはHINTを参考に、これら（Androidでは下部に表示される）をタップする

［次へ］を**タップ**

HINT さまざまな効果を付けよう

リールではさまざまな効果を動画に付けることができます。ショート動画は効果がないと物足りないので、積極的に使っていきましょう。

これらのアイコンからさまざまな効果を付けられる

●リール動画に付けられる効果

Aa	文字を入力できる
🙂	スタンプを入力できる
🎵	BGMを追加できる
🖼	画像を追加できる
↓	編集後の動画を保存できる

右側のインデックス：
1 基本
2 フォロー
3 写真の投稿
4 写真のコツ
5 動画
6 活用
7 Threads
8 投稿
9 安全な設定

次のページに続く→

8 [説明]画面を表示する

ここではハッシュタグとともに
キャプションを入力する

ここを**タップ**

9 キャプションを入力する

❶キャプションを
入力

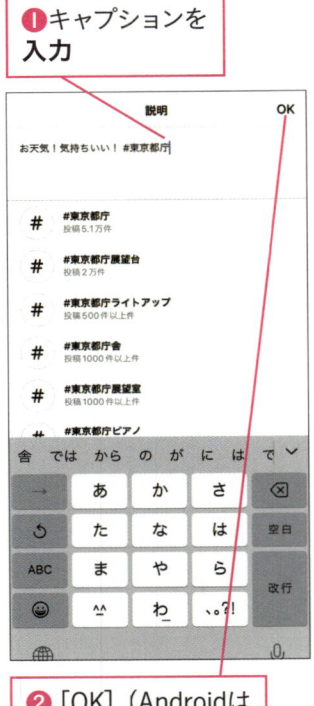

❷ [OK] (Androidは
左下の☑)を**タップ**

HINT フォローに関係なく表示されるリール動画

同じような動画をリールにしただけで再生数が伸びたというのは、リールが本格的に動き出した直後からも言われていたことです。この広がりの最大の理由は、リール動画はこれまでのインスタの通常の投稿と違い、フォローの仕組みとは関係なく表示されるところにあります。フォローしている人たちの投稿を見るというのはインスタの基本ではありますが、今流行っているものを見たいというのも、インスタらしさの別の形であるということです。また、フォロワー以外にも広がるので、企業での利用が増えていることも特徴です。見るだけではなく、自分でリールに投稿してみると、これまでとの違いを実感できるでしょう。

10 リール動画を投稿する

ここをタップすると人物に
タグが付けられる

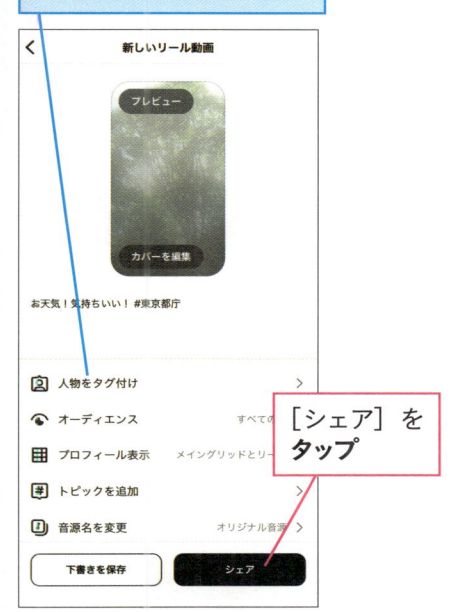

[シェア] を
タップ

11 リール画像が投稿された

ホーム画面が表示された

投稿したリール画像が表示された

HINT Facebookにも同時に投稿できる

同じ会社が運営していることもあり、FacebookとInstagramは マルチポストに対応しています。投稿内容によって使い分けていきましょう。

[許可する] をタップすると
Facebookにも投稿される

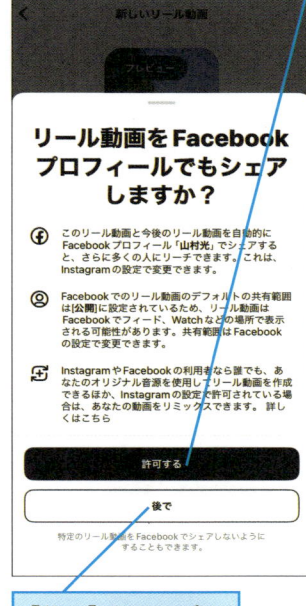

[後で] をタップするとInstagramだけに投稿される

1 基本

2 フォロー

3 写真の投稿

4 写真のコツ

5 動画

6 活用

7 Threads

8 投稿

9 安全な設定

059

投稿した動画を編集するには

Instagramのありがたいことのひとつが、投稿後にも編集できるところです。その考え方は動画でも同様のものとなっています。キャプションもハッシュタグも意外と投稿してからもっといいものがあったことに気づくものです。遠慮せずに編集して、よりいいものにしましょう。

第5章　動画を楽しもう

投稿した動画を編集する

1 編集する動画を選択する

ワザ005を参考にプロフィール画面を表示しておく

編集する動画
を**タップ**

2 メニュー画面を表示する

編集する動画が選択された

ここ（Androidは :）
を**タップ**

3 動画の編集を開始する

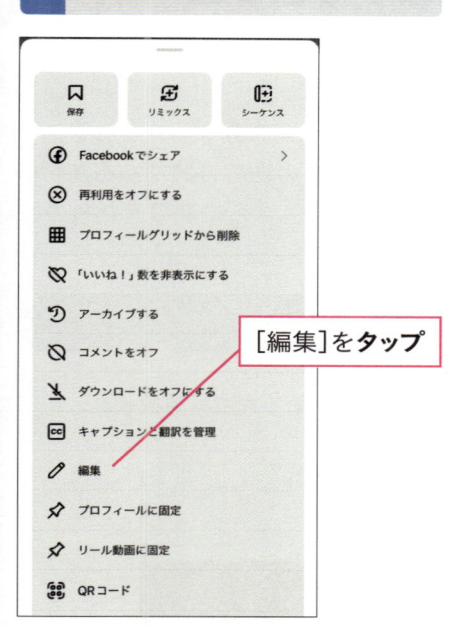

[編集]を**タップ**

4 編集する項目を選択する

[情報を編集]画面が表示された

キャプションを**タップ**

5 キャプションを編集する

ここではキャプションにハッシュタグを追加する

❶ハッシュタグを入力

❷[完了]（Androidは☑）を**タップ**

6 動画の編集が完了した

キャプションが編集された

060

リール動画を楽しむ

リールを見ていない人にも
シェアするには

せっかく作ったリール動画。フォロワーの中には、リールを見ない人もいるかもしれないので、より多くの人にリールを見てもらうための別の方法であるストーリーズにも展開してみましょう。それをきっかけにして、さらに別の人たちの目に触れる機会が増えるはずです。

ストーリーズにシェアする

1 ストーリーズでのシェアを
開始する

シェアしたい動画を
表示しておく

ここを**タップ** ▽

2 シェアする方法を選択する

ここではストーリーズに
シェアする

[ストーリーズに追加]を
タップ

3 ストーリーズにシェアする

[ストーリーズ] を
タップ

4 ストーリーズにシェアされた

[ストーリーズに追加され
ました]と表示された

友だちのホーム画面に表示する

1 シェアする相手を選択する

前のページの手順2の
画面を表示しておく

シェアする相手を**タップ**

Androidはここをタップして
ユーザーを検索する

2 選択した友達とシェアする

[送信]を**タップ**

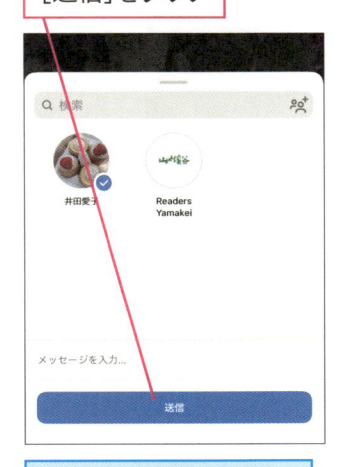

友だちのホーム画面に
動画が表示される

1 基本

2 フォロー

3 写真の投稿

4 写真のコツ

5 動画

6 活用

7 Threads

8 投稿

9 安全な設定

061

ほかの人のリールを見るには

ショート動画であるリールだけをたくさん見るならリール画面で見るほうがより簡単です。スワイプするだけで次々に動画が出てきます。またリールの表示は切り替えることもできるので、たまには切り替えてみると、違うリール動画を見るきっかけになるでしょう。

ランダムにリールを表示する

1 [リール]画面を表示する

ここを**タップ**

2 次のリール動画を表示する

リール動画が表示された

上に**スワイプ**

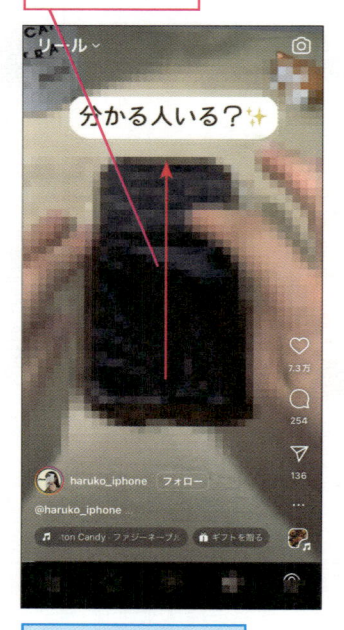

次のリール動画が
表示される

第5章　動画を楽しもう

フォロー中のユーザーのリール動画にコメントを付ける

前のページを参考に、[リール]
画面を表示しておく

1 リール動画の表示を切り替える

❶[リール]を**タップ**

❷[フォロー中]を**タップ**

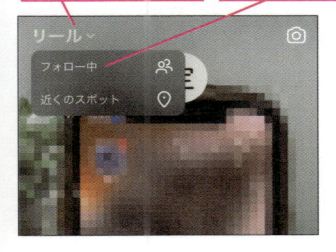

2 [コメント]画面を表示する

フォロー中のユーザーのリール
動画が表示された

ここを**タップ**

3 コメントを付ける

[コメント]画面が表示された

❶コメントを**入力**

❷[↑]を**タップ**

コメントが送信された

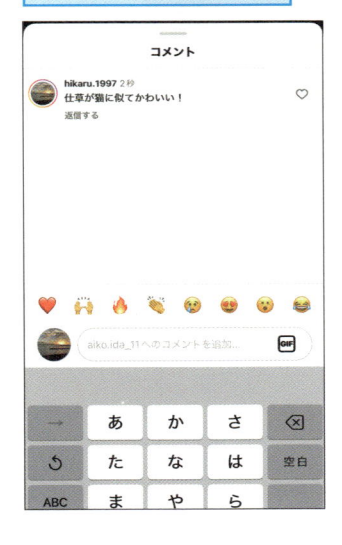

1 基本

2 フォロー

3 写真の投稿

4 写真のコツ

5 動画

6 活用

7 Threads

8 投稿

9 安全な設定

リール動画を楽しむ

気に入ったユーザーを
フォローするには

いいリール動画に出会って、この動画を投稿した人をフォローしたいと思ったとき、リール動画の画面からでも、そのままフォローすることができます。リール動画は次々に出てきて、後から投稿した人を探すのは大変なので、気になった人はフォローしておくといいでしょう。

リール動画の画面でユーザーをフォローする

1 ユーザーをフォローする

ワザ061を参考に、リール画面を表示しておく

[フォロー]を**タップ**

2 ユーザーをフォローできた

[フォロー中]と表示された

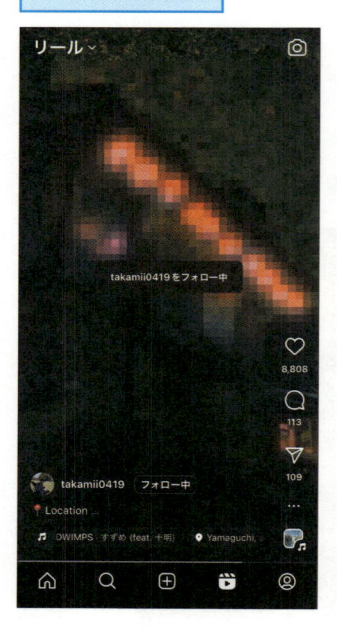

魅力的な動画にするには

撮っただけのリール、つないだだけのリールでも動画として問題はありませんが、さらにひと工夫したほうがよりよく見てもらうことができます。そのためリールには動画を工夫するためのツールが多く用意されています。ここでは、それらの中でもより効果の高いものを3つ紹介していきます。

BGMを付けるときのテクニック

動画を見てもらうためにありがたいのがBGMです。BGMがあるだけでなんとなく最後まで見てもらえるからです。よく使われるので、動画を追加するだけでおすすめBGMが表示されるようにもなりました。また撮影時の状況で、音声を消したほうがいい場合もBGMは有効です。

［おすすめ］からBGMを選択できる

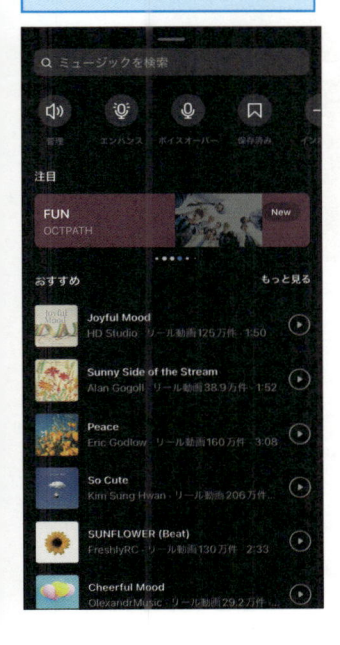

撮影時の音声のボリュームを調整したり、消したりできる

1 基本

2 フォロー

3 写真の投稿

4 写真のコツ

5 動画

6 活用

7 Threads

8 投稿

9 安全な設定

次のページに続く ⟶

ボイスオーバーを使うときのテクニック

撮影時に風が強かったり、マイクから遠かったりすると思ったよりもうまく撮れていないのが音声です。音が撮れていなかったとあきらめるのではなく、ボイスオーバーを使って音声だけ後から追加しましょう。また、BGMと組み合わせるとより効果的になります。

第5章　動画を楽しもう

[ボイスオーバー]を選択する

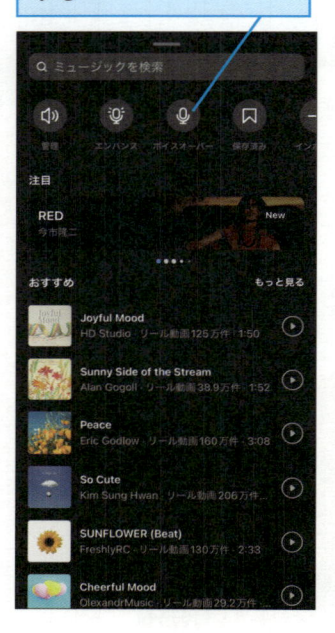

リール動画の内容を見ながら、後から音声を録音できる

HINT　複数動画をつなぎ合わせるときのコツ

旅を振り返るリール動画などでよく見る観光スポットや楽しかったときをつないでいく動画。だらだらとつないだものは最後までなかなか見てもらえません。ひとつひとつのクリップを3秒や6秒など同じ時間にするだけで自然とリズムが出て見やすくなります。長さがどうしても合わないときは、速度を変えて時間を調整してみましょう。

ハッシュタグを付けるときのテクニック

ハッシュタグを選ぶ際に重要なのは、まずはよく使われているハッシュタグを選ぶことです。投稿数の多いものを選び、もっと追加したい場合は、その後につけましょう。また、特定のハッシュタグを広めたいときは字幕などで見えるようにしておくのもいいです。

ハッシュタグの一部を入力すると、
投稿件数が表示される

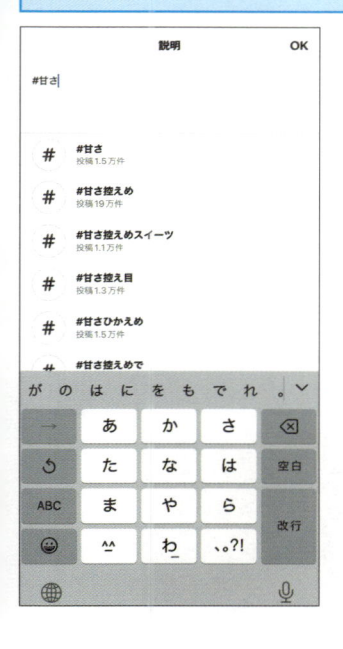

字幕にハッシュタグを付ける
テクニックもある

HINT　撮影するときのスマホの角度とズーム

食事などの撮影で真上から撮影するのはもう手法として定番化していますね。そういう撮影がしやすいスペースを用意してくれるお店もあるぐらいです。角度を真上にしても照明の影が入ってしまうときもあるので、望遠ズームも使うとうまくいくこともあります。普通に撮影するときもスマホの角度と望遠ズームの調整で、今まで撮りにくかったものが撮れることもあります。挑戦してみましょう。

1 基本
2 フォロー
3 写真の投稿
4 写真のコツ
5 動画
6 活用
7 Threads
8 投稿
9 安全な設定

064

ストーリーズを楽しむ

ストーリーズで
時間限定の投稿をするには

Instagramに後から追加された「ストーリーズ」は、写真や動画をスライドショーのような形式で投稿できる機能です。通常の投稿とは違って、写真や動画に文字やスタンプを加えて加工できるのが特徴です。投稿は24時間で自動的に消えるため、気軽な気持ちで投稿できるのも魅力です。

ストーリーズとは

ストーリーズは、ホーム画面の上部にあるアイコンをタップすると表示されます。24時間以内の投稿が、短い動画の形式で次々に再生されるので、フィードをスクロールして眺めるよりも手軽です。写真や動画をデコレーションする機能も豊富で、スタンプ、手書き、テキストなどで写真や動画を「盛る」ことができます。一定時間で消えてしまうため、通常の投稿に比べると、瞬間ごとのコミュニケーションを楽しむ機能と言えるでしょう。

> ホーム画面上部のストーリーズのアイコンから表示する

> 24時間以内の投稿が同じ画面で次々に見られる

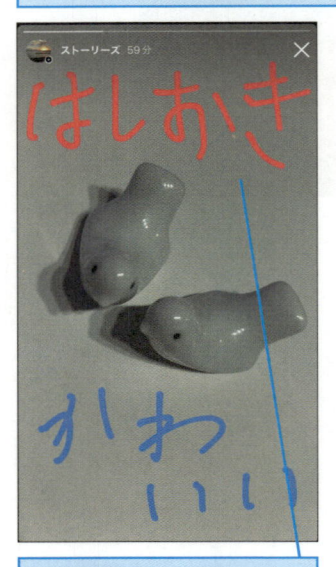

> 写真や動画をスタンプや落書きで加工できる

> テキストのほか位置情報や時刻を示すスタンプも使える

写真を加工してストーリーズに投稿する

1 基本

2 フォロー

3 写真の投稿

4 写真のコツ

5 動画

6 活用

7 Threads

8 投稿

9 安全な設定

1 カメラを［ストーリーズ］モードにする

ホーム画面を表示しておく

❶［ストーリーズ］を**タップ**

❷［カメラ］を**タップ**

2 ［ストーリーズ］モードで写真を撮影する

撮影ボタンを**タップ**

撮影ボタンをロングタッチすると動画を撮影できる

ここをタップしてカメラを切り替える

HINT 写真や動画に文字や図形を加えよう

手順3の画面では、手書き以外の加工も選択できます。「スタンプ」では、コミカルなイラストや位置情報、時刻などの素材が選べます。「テキスト」からは、文字を入力できます。テキストやスタンプはロングタッチすると移動でき、ゴミ箱のアイコンにドラッグして削除できます。

◆テキスト

◆フィルター

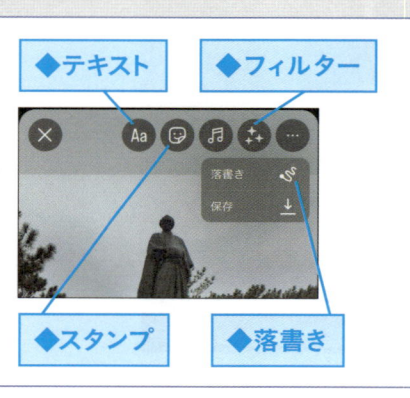

◆スタンプ

◆落書き

次のページに続く→

3 画像に手書きで絵を描く

写真が撮影された

❶ ここを **タップ** ❷ [落書き] を **タップ**

4 手書きのツールを選択する

❶ ツールを **タップ**

❷ 色を **タップ**

5 手書きを保存する

❶ 手書きで 文字を**描く** | 残りを描いて 完成させる

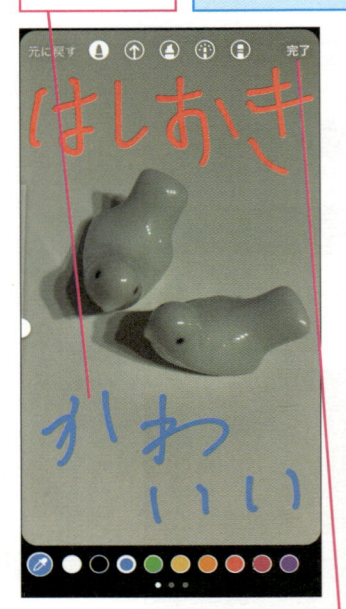

❷ [完了]を **タップ**

HINT **ストーリーズで使う 写真を探すコツ**

ストーリーズで投稿する写真を探すにはアルバムを選択するほうが手早く選ぶことができます。デフォルトでは [最近] だけが表示されていますが、タップするとお気に入り、写真、動画やほかのアルバムを選ぶことができます。必要に応じて切り替えましょう。

6 ストーリーズに投稿する

写真の加工が完成した

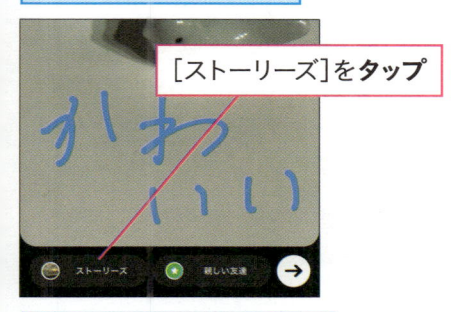

[ストーリーズ]を**タップ**

ストーリーズが投稿される

7 Facebookでもシェアするか選択する

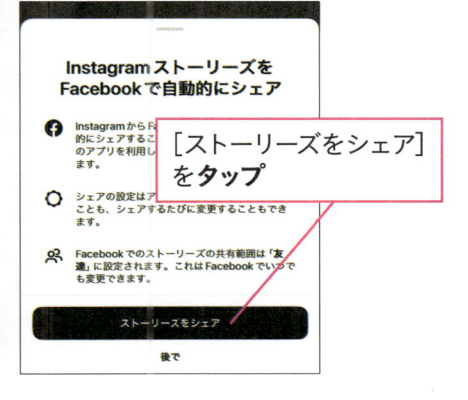

[ストーリーズをシェア]を**タップ**

8 ホーム画面で自分のストーリーズを確認する

[ストーリーズ]の自分のアイコンの周りの色が変わった

アイコンを**タップ**

写真が短い動画として再生される

手順1〜6を繰り返すと、ストーリーズに次の写真や動画を投稿できる

HINT ほかの人が投稿したストーリーズを見るには

自分がフォローしているユーザーのストーリーズは、ホーム画面の上部に表示されます。アイコンをタップすると再生がはじまります。複数のストーリーズがあるときは、アイコンの並び順に次々に再生されます。

色の付いたアイコンをタップすると、ストーリーズを再生できる

1 基本
2 フォロー
3 写真の投稿
4 写真のコツ
5 動画
6 活用
7 Threads
8 投稿
9 安全な設定

ストーリーズを楽しむ

ストーリーズの
写真や動画を削除するには

ストーリーズの写真や動画は24時間で自動的に消えますが、手動で削除することもできます。自分のストーリーズの投稿を表示して、メニューから削除の操作を選びます。なおこのメニューからは、自分のストーリーズをスマートフォンに保存したり、通常の投稿としてシェアしたりもできます。

投稿済みのストーリーズを削除する

1 動画の削除を開始する

> ワザ064の手順8を参考に、削除
> したいストーリーズを表示しておく

[その他]を**タップ**

Androidでは ⋮ をタップする

2 動画を削除する

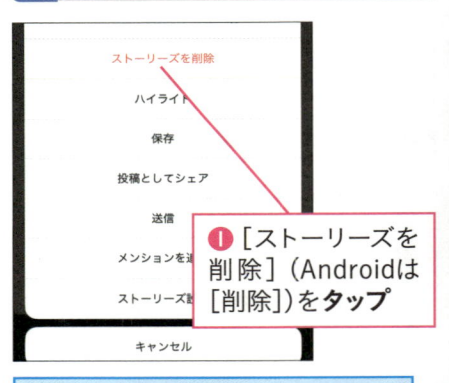

❶ [ストーリーズを
削除]（Androidは
[削除]）を**タップ**

> ここではInstagramと連携している
> Facebookの両方から削除する

❷ [両方から削除]を**タップ**

> ストーリーズが削除される

ストーリーズを楽しむ

ストーリーズの
公開範囲を設定するには

ストーリーズは投稿とダイレクトメッセージの中間のような性質があるので、見せない相手を細かく選んでおくことができます。特に親しい人だけに公開するような設定にすれば、さらに気軽にストーリーズを使うことができるでしょう。公開範囲の設定は［ストーリーズ設定］画面から行います。

自分のストーリーズを表示できない相手を設定する

1 カメラの設定画面を表示する

ワザ064を参考に、ストーリーズの撮影画面を表示しておく

ここを**タップ**

2 ストーリーズの設定画面を表示する

［カメラ設定］画面が表示された

［ストーリーズ］を**タップ**

3 ストーリーズを表示しない人の設定を開始する

［ストーリーズ］画面が表示された

［ストーリーズを表示しない人］を**タップ**

＜	ストーリーズ	
閲覧の設定		
ストーリーズを表示しない人 自分のストーリーズとライブ動画を特定の人に対して非表示にできます。	0人	＞
親しい友達 特定の人とのみストーリーズをシェアできます。	1人	＞
返信		
メッセージ返信を許可 ストーリーズに返信できる人を選択できます。		
全員		●
フォローしている人		○
オフ		○
保存		
ストーリーズをカメラロールに保存 携帯電話のカメラロールに写真や動画を自動的に保存します。		⬜

Androidでは［ストーリーズを表示しない人］の人数をタップする

次のページに続く→

1 基本

2 フォロー

3 写真の投稿

4 写真のコツ

5 動画

6 活用

7 Threads

8 投稿

9 安全な設定

4	ストーリーズを表示しない人を選択する

> フォローワーの一覧が表示された

> ❶ストーリーズを表示しない相手を**タップ**してチェックマークを付ける

❷右上の [完了]を**タップ**

5	ストーリーズを表示しない人を設定できた

> [ストーリーズ]画面に戻った

> [ストーリーズを表示しない人] に人数が表示された

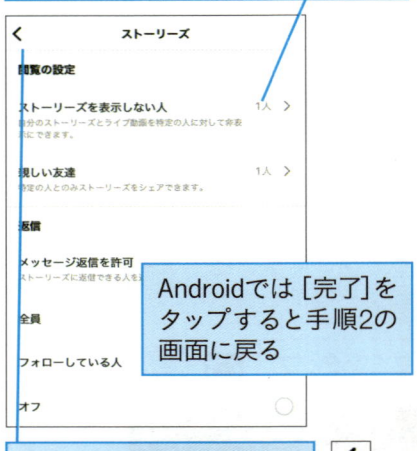

> Androidでは [完了]をタップすると手順2の画面に戻る

> 左上のここをタップするとホーム画面に戻る ❮

HINT **ストーリーズで撮影したものを自動で保存するには**

ストーリーズの撮影画面から撮影した写真や動画は、そのままではスマートフォンには残りません。手順3の画面で [ストーリーズをカメラロールに保存]をタップしてオンにしておくと、自動で保存できるように設定ができます。

HINT **自分のストーリーズを手動で保存するには**

上のHINTの設定をしなくても、投稿したストーリーズを後から手動で保存することはできます。ワザ065を参考に、投稿したストーリーズのメニューを表示して [保存] (Androidでは [写真を保存])をタップし、保存方法を選択しましょう。ちなみに、ほかの人のストーリーズを保存する方法は、Instagramにはありません。

067

ストーリーズを楽しむ

ストーリーズから
リールを作るには

一見関係なさそうに見えるストーリーズとリール。しかしストーリーズをハイライトにまとめておくことでリールに変換することが可能になります。また、おすすめの音源を選ぶと音楽に合わせてストーリーズから自動的に配置してくれるという親切設計。リール変換用のハイライトも作ればさらにやりやすくなるでしょう。

ストーリーズをリールに変換する

1 ストーリーズを表示する

ワザ064を参考に、ストーリーズで投稿しておく

❶ここを**タップ**

2 ハイライトに追加する

投稿したストーリーズが表示された

❷ [ハイライト]を**タップ**

次のページに続く→

1 基本
2 フォロー
3 写真の投稿
4 写真のコツ
5 動画
6 活用
7 Threads
8 投稿
9 安全な設定

3　ハイライトのタイトルを付ける

[新しいハイライト]画面が
表示された

❸タイトルを**入力**

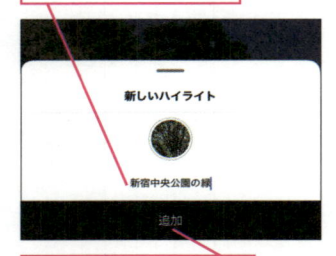

❹[追加]を**タップ**

4　プロフィール画面を表示する

ハイライトに追加された

ハイライトに追加されました

ハイライトは削除されるまでプロフィールに残ります。

プロフィール上で見る

完了

❺[プロフィール上で見る]を
タップ

5　追加したハイライトを表示する

プロフィール画面が
表示された

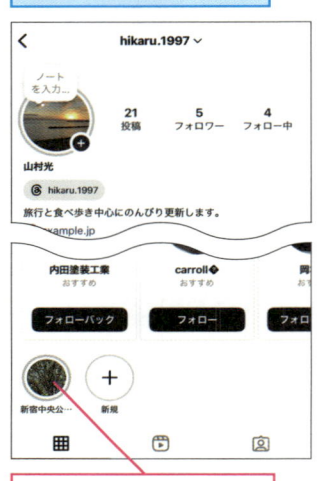

❻ここを**ロングタッチ**

Androidはハイライトを表示して、
[作成]をタップする

6　ハイライトをリール動画に
変換する

❼[リール動画に変換]を
タップ

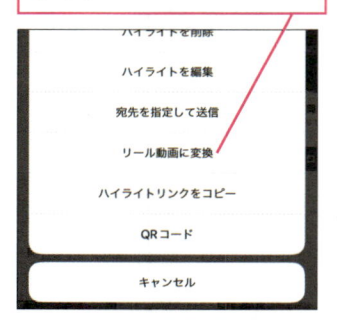

ハイライトを削除

ハイライトを編集

宛先を指定して送信

リール動画に変換

ハイライトリンクをコピー

QRコード

キャンセル

ハイライトがリール動画に
変換される

第5章　動画を楽しもう

068

ライブ動画を見るには

自分がフォローしているユーザーがライブ動画の配信を開始すると通知が届き、その人のストーリーズのアイコンには［LIVE］と表示されます。ストーリーズのライブ動画は、配信中にしか見られません。タイミングを逃さずに視聴に参加して、ハートマークやコメントを送ってみましょう。

フォローしている人のライブ動画を見る

1 ライブ動画の視聴を開始する

ライブ動画を配信しているユーザーがいる場合、ストーリーズのアイコンに［LIVE］の文字が表示される

ライブ配信しているユーザーのアイコンを**タップ**

2 ライブ動画を見る

ライブ動画が表示された

ここを**タップ**

次のページに続く ⟶

1 基本

2 フォロー

3 写真の投稿

4 写真のコツ

5 動画

6 活用

7 Threads

8 投稿

9 安全な設定

3 ハートを送信する

送信できる絵文字が
表示された

ここを**タップ**

ハートが送信され、配信者に
通知される

途中で視聴をやめるときは
右上の［×］をタップする

4 視聴を完了する

最後まで視聴すると、配信終了
画面が表示される

Androidでは自動でホーム画面に
切り替わる

画面を下にスワイプ

ホーム画面が表示される

HINT　いま配信中のライブ動画を見たいときは

ライブ動画を見たいときは、トップページのストーリーズの並びに出るアイコ
ンの中から、フォローしている人の「ライブ動画」を見つけましょう。ライブ
配信がはじまると左から順番に並んでいきます。現状、検索でライブ配信を
探すことができないので、ライブ配信が気になる人は、とにかくフォローして
おきましょう。

第 6 章

趣味や仕事に
活用しよう

069

ダイレクトメッセージ

ダイレクトメッセージで
やりとりするには

Instagramユーザー同士の交流は、コメントだけではなく、ダイレクトメッセージも盛んに使われています。誰でも読めるオープンなコメントと、プライベートなダイレクトメッセージを使い分けていきましょう。また、フォローしていないユーザーにダイレクトメッセージを送ることも可能です。

第6章

趣味や仕事に活用しよう

ダイレクトメッセージを送信する

1 ダイレクトメッセージの 送信画面を表示する

❶ここをタップ 🏠

❷ここをタップ

メッセージの画面が表示された

❸ここをタップ ✍️

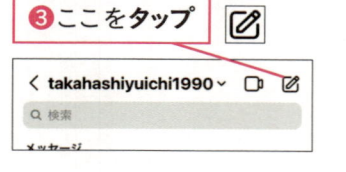

2 宛先を選択する

❶宛先の IDを選択　**❷宛先を タップ**

> **HINT 相手をフォローして いないときは**
>
> フォローしていない相手にメッセージを送ると、最初は「メッセージリクエスト」として送信されます。相手がリクエストを承認するまで追加のメッセージは送れませんが、承認後は通常のチャットとなり、自由にやりとりができるようになります。

3 メッセージを入力して送信する

❶ メッセージを**入力**

❷ ここ（Androidは[送信]）を**タップ**

4 メッセージが送信された

送信したメッセージが表示された

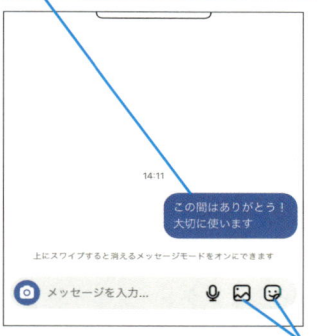

ここをタップすると画像やスタンプを送信できる

受信したダイレクトメッセージを見る

1 通知からダイレクトメッセージを開く

新着のダイレクトメッセージがあるときは画面右上に数字が表示される

❶ ここを**タップ**

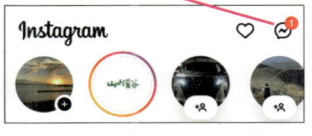

メッセージの画面が表示された

❷ 読みたいメッセージを**タップ**

2 メッセージの内容が表示された

受信したメッセージが表示された

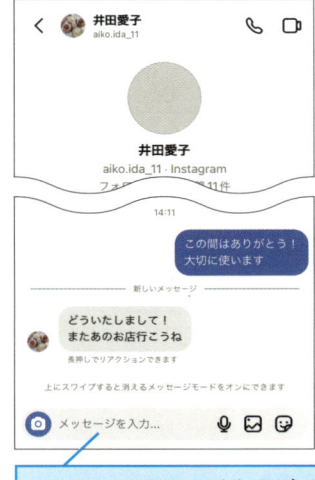

ここにメッセージを入力して返信できる

1 基本
2 フォロー
3 写真の投稿
4 写真のコツ
5 動画
6 活用
7 Threads
8 投稿
9 安全な設定

070

ダイレクトメッセージ

写真をダイレクト
メッセージとして送るには

自分が投稿した写真や、タイムラインで見つけたお気に入りの写真を特定の
ユーザーにダイレクトメッセージとしてメッセージ付きで送ることができます。
投稿を拡散したいときに便利ですが、頻繁に送ると不快に感じる人もいるので、
使用頻度には気を付けましょう。

第6章 趣味や仕事に活用しよう

投稿した写真をダイレクトメッセージで送信する

1 投稿からダイレクトメッセージを作成する

ダイレクトメッセージで送信したい投稿を表示しておく

ここを**タップ**

2 宛先を選択する

宛先の候補（フォロー中のユーザー）が表示された

送信する相手を**タップ**

3 メッセージを入力して送信する

❶メッセージを**入力**

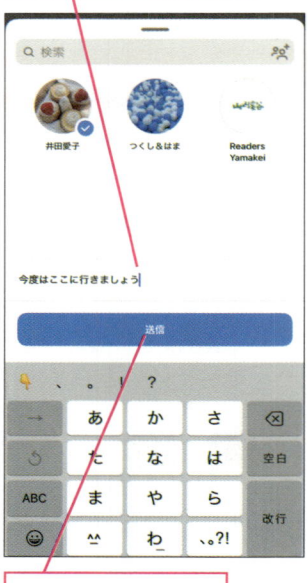

❷［送信］を**タップ**

ほかの人の投稿も同様の手順でダイレクトメッセージで送信できる

Androidではメッセージを入力してから宛先を選択する

送信したダイレクトメッセージを確認する

1 ダイレクトメッセージの履歴を
表示する

ホーム画面を表示しておく

ここを**タップ**

2 ダイレクトメッセージを
送信した相手を選択する

メッセージの画面が表示された

ダイレクトメッセージを送信した
相手を**タップ**

3 送信したダイレクトメッセージを
確認できた

ダイレクトメッセージの履歴を
表示できた

相手に送信した投稿とメッセージ
を確認できた

1 基本

2 フォロー

3 投稿の写真の

4 写真のコツ

5 動画

6 活用

7 Threads

8 投稿

9 安全な設定

HINT ビデオチャットを使う

メッセージ画面の右上に表示される［カメラ］アイコンをタップすると、友達とビデオチャットをはじめることができます。この機能はFacebookの「メッセンジャー」と連携しています。

071

ダイレクトメッセージ

ストーリーズをダイレクトメッセージとして送るには

投稿した写真と同様にストーリーズもダイレクトメッセージとして特定のユーザーにメッセージ付きで送ることができます。ストーリーズはハイライトに追加しない限り24時間で消えてしまうため、どうしても見のがしてほしくない場合などに利用しましょう。

第6章

趣味や仕事に活用しよう

ストーリーズをダイレクトメッセージで送信する

1 ホーム画面から自分のストーリーズを確認する

ホーム画面を表示しておく

[ストーリーズ]を**タップ**

2 メニューを表示する

ストーリーズが再生された

[その他]（Androidでは ⋮ ）を**タップ**

3 宛先を選択する画面を表示する

メニューが表示された

[送信]を**タップ**

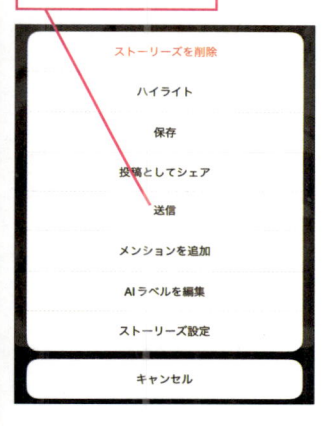

ストーリーズを削除
ハイライト
保存
投稿としてシェア
送信
メンションを追加
AIラベルを編集
ストーリーズ設定
キャンセル

4 宛先を選択して送信する

宛先を選択する画面が表示された

❶宛先を**選択**

❷メッセージを**入力**

そして食後の楽しみはここで

❸[送信]を**タップ**

5 ダイレクトメッセージを送信できた

ストーリーズをダイレクトメッセージとして送信できた

ワザ069を参考にダイレクトメッセージの履歴を確認する

< 井田愛子
aiko.ida_11

hikaru.1997 おいしいものを少しずつ

今度はここに行きましょう

@hikaru.1997のストーリーズを送信しました

hikaru.1997

幸せ！

そして食後の楽しみはここで

上にスワイプすると消えるメッセージモードをオンにできます

メッセージを入力…

ダイレクトメッセージが送信されたことを確認できた

HINT ストーリーズへのコメントには注意

ほかのユーザーのストーリーズの下にあるメッセージ欄からコメントを書くと、写真の下に表示される通常のコメントと異なり、そのユーザーにダイレクトメッセージとして届くので注意しましょう。

1 基本

2 フォロー

3 写真の投稿

4 写真のコツ

5 動画

6 活用

7 Threads

8 投稿

9 安全な設定

072

通知の設定をする

プッシュ通知を設定しよう

投稿した写真に［いいね！］が付いたり、コメントの書き込みがあったときに、スマートフォンにリアルタイムで届く通知を「プッシュ通知」と呼びます。通知の有無は内容によって細かく設定することができるので、プッシュ通知が多すぎると感じたときは必要に応じて減らしてみましょう。

第6章 趣味や仕事に活用しよう

［設定］画面からプッシュ通知の設定を確認する

1 ［設定］画面を表示する

ワザ005を参考に自分のプロフィール画面を表示しておく

ここを**タップ**

2 プッシュ通知の設定画面を表示する

［設定とアクティビティ］画面が表示された

［お知らせ］を**タップ**

[お知らせ]画面が表示され、
通知の設定状況が表示された

[投稿、ストーリーズ、コメント]
を**タップ**

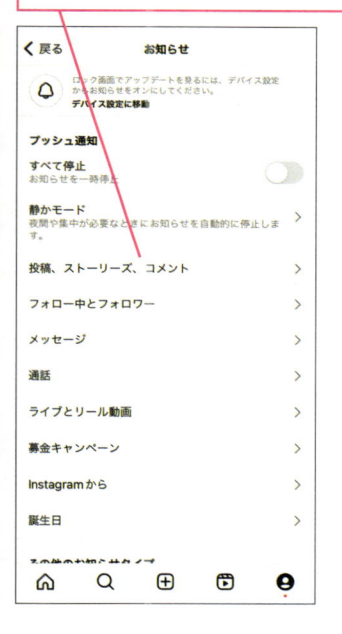

[投稿、ストーリーズ、コメント]
のプッシュ通知の設定画面が
表示された

現在の設定にはチェックマーク
が付いている

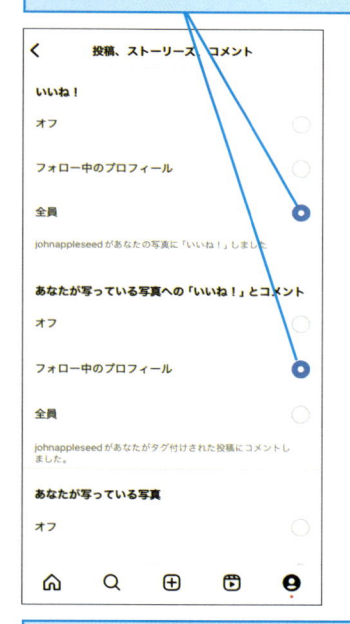

タップして設定を変更できる

1 基本

2 フォロー

3 写真の投稿

4 写真のコツ

5 動画

6 活用

7 Threads

8 投稿

9 安全な設定

HINT **スマートフォン側の通知設定も確認する**

このワザでの設定をオフにしていないのにプッシュ通知が届かないときは、
スマートフォン側の設定でInstagramからの通知をオフにしている場合があり
ます。iPhoneでは[設定]-[通知]-[Instagram]で[通知を許可]がオンに
なっているかどうか、Androidでは[設定]-[通知]-[アプリの設定]で
[Instagram]がオフになっていないかどうかを確認しましょう。Instagramア
プリをインストールしたときに通知の許可をしていないと、通知がオフになっ
ている場合があるので注意しましょう。

通知の設定をする

お気に入りのユーザーの投稿で通知を受けるには

特にお気に入りのユーザーがいたら、そのユーザーの新しい投稿があったら個別にプッシュ通知を受け取れるように設定しておきましょう。この設定をしておけば、そのユーザーが投稿した写真をいち早くチェックでき、見逃すこともありません。

第6章 趣味や仕事に活用しよう

お気に入りのユーザーが投稿したとき通知されるようにする

1 [お知らせ]画面を表示する

通知を受け取りたいユーザーの
プロフィール画面を表示しておく

ここを**タップ** 🔔

2 投稿の通知をオンにする

[お知らせ]画面が表示された

[投稿]のここを**タップ**してオンにする

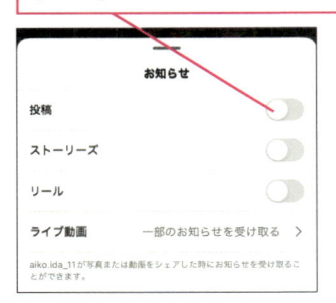

投稿の通知を受け取る
設定ができた

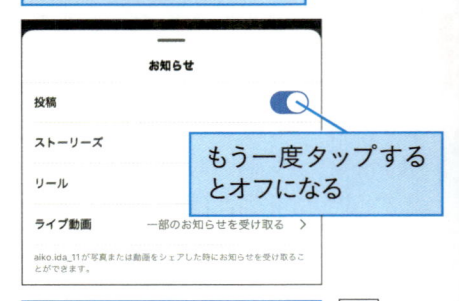

もう一度タップする
とオフになる

プロフィール画面のベル
アイコンの表示が変わる

お気に入りのユーザーからの通知を確認する

1 お気に入りのユーザーからの
通知を開く

2 お気に入りのユーザーの
投稿を表示できた

お気に入りのユーザーが投稿すると
プッシュ通知が届く

お気に入りのユーザーの投稿が
表示された

❶通知を**タップ**

[開く]と表示された

❷[開く]を**タップ**

HINT　通知をオフにするには

特定のユーザーからの通知設定を
オフにするには、そのユーザーの
プロフィール画面を開き、もう一度
🔔をタップして[お知らせ]画面を
表示しましょう。180ページの手順
2を参考に投稿の通知をオフにしま
す。

プロフィール画面の
ここをタップする

前ページの手順2を参考に、
投稿の通知をオフにする

パソコンから投稿しよう

Instagramといえばスマートフォンのアプリというイメージが強いです。実際リリース当初はスマートフォンでしか使えませんでしたが、現在はパソコンのブラウザーからも利用できます。パソコンで編集した動画のアップロードなど、用途によっては便利な選択肢となるでしょう

パソコンで投稿する

1 InstagramのWebページを開く

| パソコンでブラウザーを起動しておく | ❶右記のWebページに**アクセス** | **Instagram** https://www.instagram.com/ |

❷ユーザーネームかメールアドレスを**入力**

❸パスワードを**入力**

❹[ログイン]を**クリック**

2 [新規投稿を作成]画面を表示する

InstagramのWebページが開いた

❺[作成]を**クリック**

3 投稿する写真を選択する

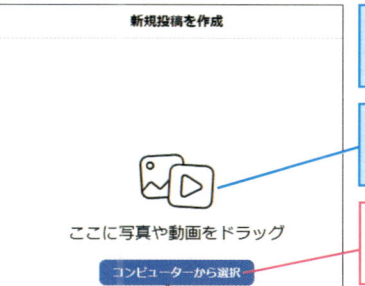

[新規投稿を作成]画面が
表示された

ここに写真のアイコンを
ドラッグしてもよい

❶[コンピューターから
選択]を**クリック**

[開く]ダイアログボックスが
表示された

❷保存場所
を**選択**

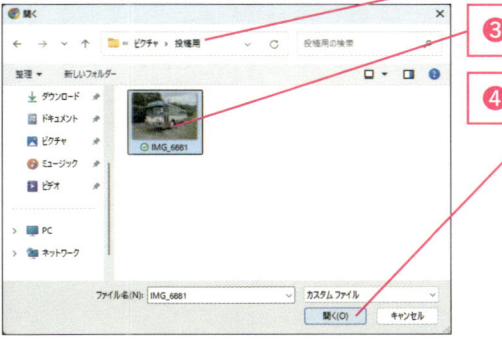

❸写真を**クリック**

❹[開く]を**クリック**

選択した写真が表示された

❹[次へ]を**クリック**

ここをクリックすると、
写真の縦横比を変更
できる

ここをクリックして、スライ
ダーバーを左右にドラッグす
ると、トリミングができる

1 基本

2 フォロー

3 投稿写真の

4 コツ写真の

5 動画

6 活用

7 Threads

8 投稿

9 設定安全な

次のページに続く━━➡

4 フィルターを選択する

ここでは写真を
モノクロにする

❶ [Moon]を
クリック

❷右上の [次へ]を
クリック

5 キャプションを入力する

❶キャプショ
ンを**入力**

❷右上の [シェア]
を**クリック**

写真が投稿された

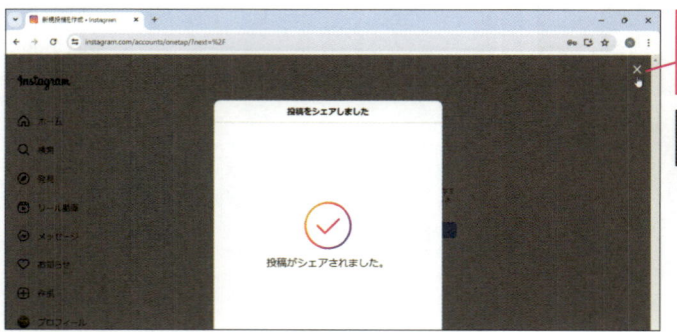

❸ [閉じる]を
クリック

075

プロアカウントの基本

プロアカウントを知ろう

会社や飲食店といった法人が利用する場合や、個人でも自営業やインスタグラマーを目指している人などは、通常の個人アカウントからプロアカウントに無料で変更できます。変更は［設定］→［アカウントの種類とツール］で［プロアカウントに切り替える］をクリックし、必要項目を入力することで行えます。

プロアカウントとは

プロアカウントは一般的なユーザーが利用する個人アカウントよりも使用できる機能が多くなっています。まず、アカウントのプロフィール欄に「メールアドレス」「電話番号」「住所」を連絡先として登録することができます。次に、フォロワー数の推移や男女比、反応がよかった投稿などの詳細情報を「Instagramインサイト」で確認できます。また、Facebookページとリンクさせている場合、一度に広告を出稿することもできます。ECサイトを運営している場合、投稿から購入ページに誘導することも可能になっています。

プロアカウントはWebページなどの連絡先を登録できる

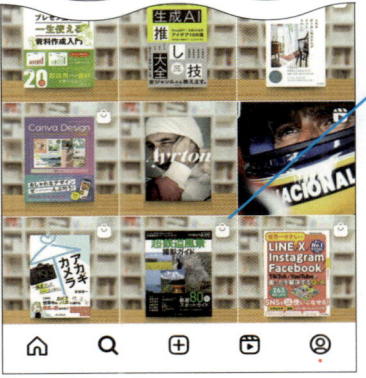

カゴのアイコンが表示されている投稿をタップすると、Instagramから買い物ができる

次のページに続く─→

1 基本

2 フォロー

3 写真の投稿

4 写真のコツ

5 動画

6 活用

7 Threads

8 投稿

9 安全な設定

プロアカウントから商品を購入する

1 気になる商品を探す

プロアカウントの投稿を
表示しておく

カゴのアイコンが
表示されている投
稿を**タップ**

2 商品の詳細を確認する

商品の写真が
表示された

写真を
タップ

3 商品ページを表示する

商品の詳細が表示された

商品のタグを
タップ

4 購入ページを表示する

アプリ上でWebページが表示された

［ウェブサイトで見る］を**タップ**

生成AI推し技大全 ChatGPT＋主要
AI 活用アイデア 100 選
¥ 1,870

5 購入ページを表示できた

商品の購入ページ
に移動できた

076

プロアカウントの基本

プロアカウントの申請をはじめよう

Instagramのアカウントは誰でも取得できますが、プロアカウントにするためには、審査のための申請が必要です。それほど難しい内容ではありませんが、ビジネス用に使われるアカウントということで、そのアカウントがどういった目的で誰が使っているのかを確認する必要があると理解しておけばいいでしょう。

プロアカウントを申請する

1 [設定とアクティビティ]画面を表示する

36ページのHINTを参考に、[設定とアクティビティ]画面を表示しておく

上に**スワイプ**

2 [アカウントの種類とツール]画面を表示する

[アカウントの種類とツール]を**タップ**

次のページに続く──➤

3 プロアカウントの作成を開始する

[プロアカウントに切り替える]を**タップ**

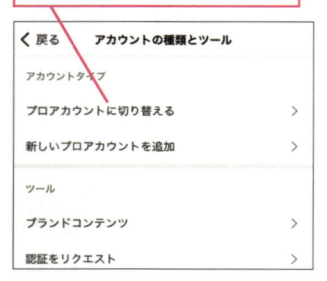

く 戻る　アカウントの種類とツール

アカウントタイプ

プロアカウントに切り替える　　　　>

新しいプロアカウントを追加　　　　>

ツール

ブランドコンテンツ　　　　　　　　>

認証をリクエスト　　　　　　　　　>

4 プロアカウントの説明を確認する

プロアカウントの説明画面が
表示された

×

（サムネイル画像）

無料のプロアカウントに

・・・・

次へ

[次へ]を
タップ

3つの画面で [次へ] を
それぞれタップしてお
く

5 活動内容のカテゴリを選択する

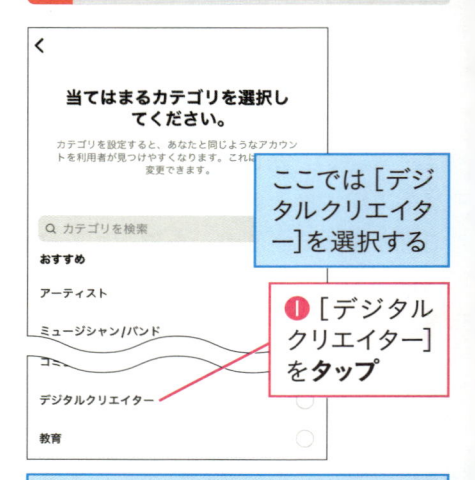

く

**当てはまるカテゴリを選択し
てください。**

カテゴリを設定すると、あなたと同じようなアカウン
トを利用者が見つけやすくなります。これは
変更できます。

🔍 カテゴリを検索

おすすめ

アーティスト

ミュージシャン/バンド

デジタルクリエイター

教育

ここでは [デジ
タルクリエイタ
ー]を選択する

❶ [デジタル
クリエイター]
を**タップ**

プロフィールにカテゴリを表示する
ときは、ここをタップする

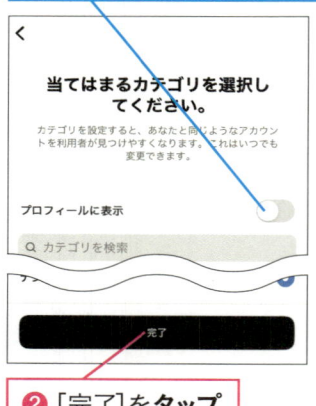

く

**当てはまるカテゴリを選択し
てください。**

カテゴリを設定すると、あなたと同じようなアカウン
トを利用者が見つけやすくなります。これはいつでも
変更できます。

プロフィールに表示　　　　　　◯

🔍 カテゴリを検索

完了

❷ [完了]を**タップ**

HINT　「カテゴリ」って何？

わりと悩むことが多いカテゴリの選択。例えば、アーティストというカテゴ
リを選ぼうとしたときに「でも私はアーティストが本業じゃないし」と思う人
もいるかもしれません。Instagramは活動内容を質問しているだけなので、
細かいことは気にしないで申請しましょう。

6 プロアカウントの種類を設定する

ここでは[ビジネス]を選択する

● [ビジネス]を**タップ**

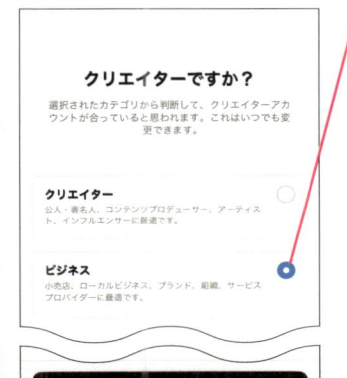

クリエイターですか？

選択されたカテゴリから判断して、クリエイターアカウントが合っていると思われます。これはいつでも変更できます。

クリエイター
公人・著名人、コンテンツプロデューサー、アーティスト、インフルエンサーに最適です。

ビジネス
小売店、ローカルビジネス、ブランド、組織、サービスプロバイダーに最適です。

次へ

❷ [次へ]を**タップ**

7 連絡先情報を設定する

ここでは連絡先情報を使用しない

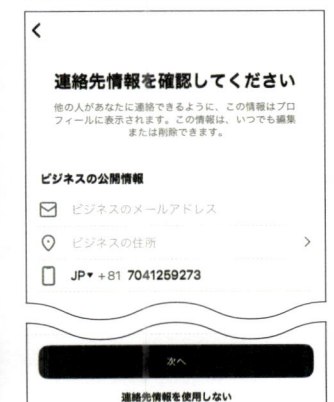

連絡先情報を確認してください

他の人があなたに連絡できるように、この情報はプロフィールに表示されます。この情報は、いつでも編集または削除できます。

ビジネスの公開情報

✉ ビジネスのメールアドレス

◎ ビジネスの住所　　　　　　　　　　＞

▢ JP▼ +81 7041259273

次へ

連絡先情報を使用しない

[連絡先情報を使用しない]を**タップ**

8 Facebookとのリンクをスキップする

ここではFacebookとのリンク設定をスキップする

Facebookページをリンク

Facebook にリンク

Facebookページへのリンクは任意ですが、リンクすることで、Instagram投稿のFacebookへのシェアや、広告やショッピングツールなどの機能を利用できるようになります。

Facebook にログイン

スキップ

[スキップ]を**タップ**

9 プロアカウントの作成を終了する

プロフィールの詳細は次のワザで入力する

プロアカウントを設定する

Instagramでオーディエンスとつながるためのプロフェッショナルツールを利用できるようになりました。今すぐ始めよう。

1/7 ステップ完了

🛍 **アイデアを見る**　　　　　　　　　　＞
　　他のプロフェッショナルが作成しているものからヒントを得ることができます。

ファンを増やそう

[×]を**タップ**

ホーム画面が表示される

1 基本
2 フォロー
3 写真の投稿
4 写真のコツ
5 動画
6 活用
7 Threads
8 投稿
9 安全な設定

次のページに続く→

プロフィールを編集する

1 プロフィールの編集を開始する

ワザ005を参考に自分のプロフィール画面を表示しておく

[プロフィールを編集]を**タップ**

2 編集する項目を選択する

ここではWebサイトへのリンクを追加する

[リンク] の [リンクを追加] を
タップ

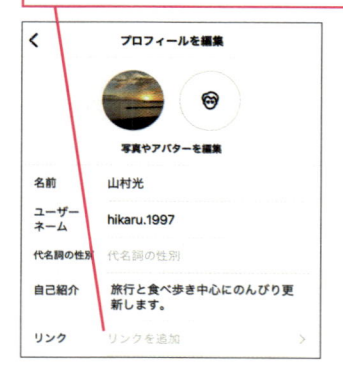

3 追加するリンクの種類を選択する

[リンク]画面が表示された

ここではFacebookプロフィール以外のWebサイトのリンクを追加する

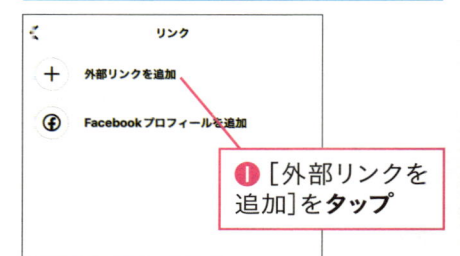

❶ [外部リンクを追加]を**タップ**

❷URLとタイトルを**入力**

❸ [完了] を**タップ**

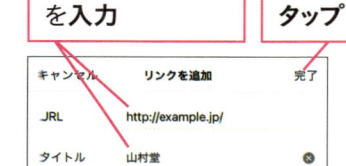

プロフィールページに、リンクが追加される

広告出稿の手順を知ろう

プロアカウントに切り替えれば、フィード投稿、リール動画、ストーリーズといった多様なコンテンツを宣伝できるようになります。基本的な手順は、宣伝したいコンテンツの選択、広告の目標設定、ターゲットオーディエンスの選択、予算と期間の設定と進み、最後に投稿となります。

広告を出稿するときに設定できること

投稿した写真の右下に［投稿を宣伝］ボタンが表示される

誰に広告を表示したいですか？

広告を見て欲しい人の種類を設定できる

広告を見た人に実行してもらいたいアクションを選択してください。

広告を見たユーザーの行動目標を設定できる

広告予算の設定

1日あたりの広告費と期間を設定できる

1 基本

2 フォロー

3 写真の投稿

4 写真のコツ

5 動画

6 活用

7 Threads

8 投稿

9 安全な設定

078

広告を出す

インサイトを確認するには

プロアカウントの最大の利点は、Instagramをビジネスで使うために必要な情報であるインサイトを見られることです。どの投稿の評判がよかったのか、ビジネスとして効果的な投稿はどれか、プロフィールを見てくれた人はどれぐらいいるのかなど、いずれもビジネスでは大事な情報ばかりです。

1 [インサイト]画面を表示する

36ページのHINTを参考に、[設定とアクティビティ]画面を表示しておく

[インサイト]を**タップ**

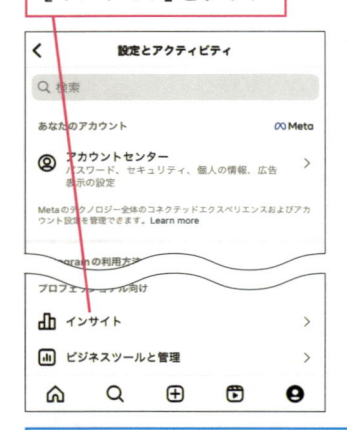

画面デザインについての画面が表示されたときは［インサイトを見る］をタップする

2 [インサイト]画面が表示された

過去7日間のパフォーマンス情報が表示される

HINT　ホーム画面からも表示できる

プロアカウントでは、各投稿の下に［インサイトを見る］のリンクが追加されます。いかにインサイトが重要かわかります。

［インサイトを見る］をタップする

アカウントの種類を変更するには

Instagramには、一般的な個人用アカウントのほかにビジネス向けのプロアカウントがあります。プロアカウントへの切り替えは、［設定とアクティビティ］画面から行うことができます。変更することで広告機能やインサイトの閲覧、追加連絡先の設定など、ビジネスに役立つさまざまな機能が利用可能になります。

1 アカウントの切り替えを開始する

36ページのHINTを参考に、［設定とアクティビティ］画面を表示しておく

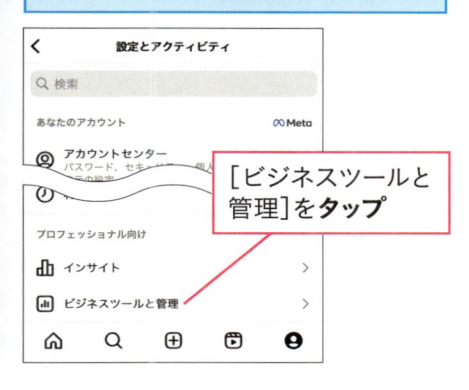

［ビジネスツールと管理］を**タップ**

2 アカウントの切り替えを開始する

［ビジネス］画面が表示された

［アカウントタイプを切り替え］を**タップ**

3 切り替えるアカウントを選択する

［個人用アカウントに切り替える］を**タップ**

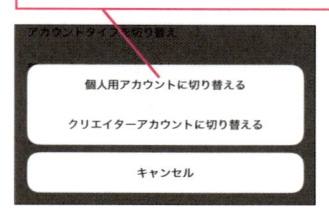

4 確認画面から設定する

［個人用アカウントに切り替える］を**タップ**

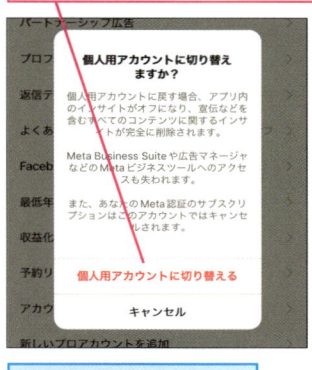

個人用アカウントに切り替えられる

080

友達を招待する

未登録の友達を招待するには

メールアドレスがわかれば、メールを使ってInstagramをまだ使っていない友達を招待することができます。ただし、SNSに誘われるのを嫌がる人もいるので無差別に招待するのは控えましょう。できれば口頭で確認してから招待したほうがいいでしょう。

第6章 趣味や仕事に活用しよう

未登録の友達をメールで招待する

1 友達の招待を開始する

36ページのHINTを参考に、[設定とアクティビティ]画面を表示しておく

❶上に**スワイプ**

❷[友達をフォロー・招待する]を**タップ**

2 招待する方法を選択する

[フォロワーと連絡先]画面が表示された

ここでは、メールで友達を招待する

[メールで友達を招待]を**タップ**

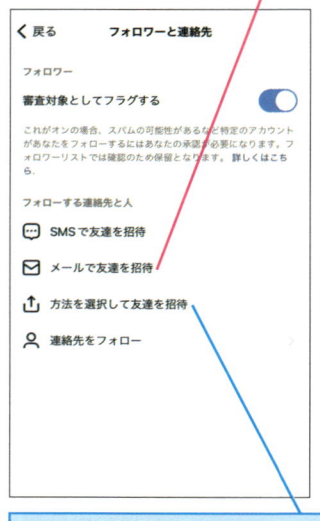

[方法を選択して友達を招待]をタップすると、ほかの方法を選択できる

3 招待メールを送信する

メールの送信画面が表示された

❶宛先を選択　❷ここを**タップ**

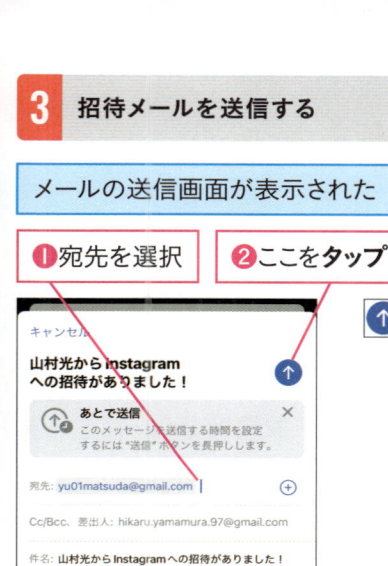

招待メールを送信できた

●相手の画面

招待メールが届いた

リンクを**タップ**

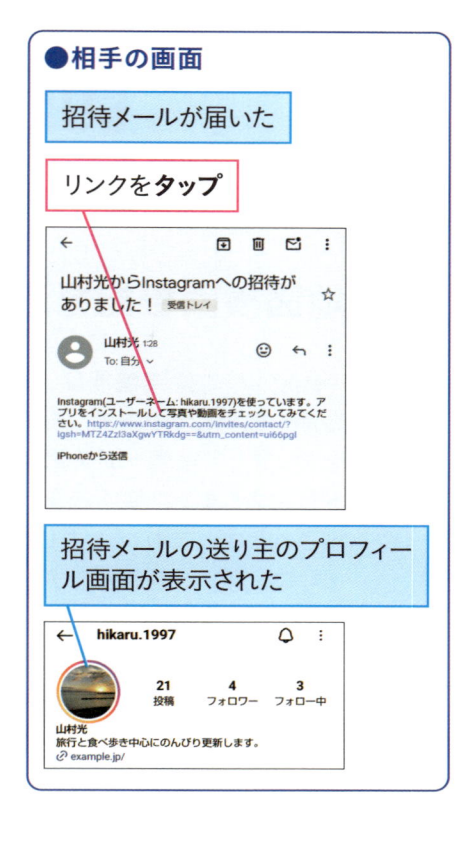

招待メールの送り主のプロフィール画面が表示された

1 基本

2 フォロー

3 写真の投稿

4 写真のコツ

5 動画

6 活用

7 Threads

8 投稿

9 安全な設定

HINT　メール以外でも招待できる

メールの代わりにSMS（ショートメッセージ）を使って友達をInstagramに招待することもできます。また、Facebookと連携している場合、Facebookの友達をそのまま招待することもできます。さらに、LINEやXといった別のアプリを使って招待することも可能です。

COLUMN

地図検索機能を活用しよう

Instagramの検索機能は、単純なキーワード検索以上の機能を提供しています。まず、画面下部の虫眼鏡アイコンをタップして検索タブを開き、上部の検索バーにキーワードを入力します。検索結果は最初、［おすすめ］として表示されます。これは入力したキーワードに関連するさまざまなコンテンツの混合です。

この［おすすめ］の結果から、さらに詳細な絞り込みが可能です。検索バーの下に表示される［アカウント］［音声］（Androidは［音源］）［タグ］［場所］［リール］の各オプションをタップすることで、検索結果を特定の種類のコンテンツに限定できます。

例えば、［アカウント］を選べば関連するユーザーのみが、［タグ］を選べば特定のハッシュタグがついた投稿が表示されます。［場所］では特定の場所に関連する投稿を、［リール］ではキーワードに関連する短い動画を見つけることができます。

これらの絞り込み機能を使いこなすことで、より効率的に必要な情報や興味のあるコンテンツを見つけることができます。検索機能を活用し、Instagramでの情報収集の幅を広げてみてください。

ここからさらに検索結果を絞り込むことができる

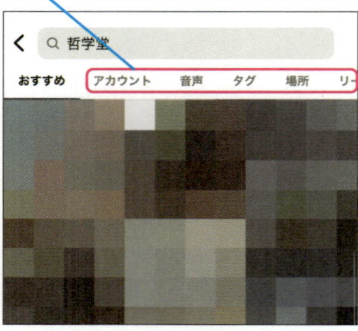

第 7 章

Threadsを
使いはじめよう

Threadsをはじめよう

2023年7月5日にリリースされた新しいSNS「Threads（スレッズ）」。Instagram
の親会社Metaが送り出し、X（旧Twitter）の対抗馬として話題を呼んでいます。
テキストや画像、動画の共有を中心とした、カジュアルなコミュニケーションの
場として注目を集めるこのアプリ。その特徴と現状を簡単に紹介します。

Xの対抗馬として開発

Threadsは、Metaがイーロン・マスク氏買収後のX（旧Twitter）への対抗馬とし
て開発した、テキストや画像、動画を気軽に共有できるSNSです。Instagram
アカウントがあれば簡単にはじめられ、フォロワーをそのまま引き継げるのが
魅力です。

Instagramのアカウントがあれば
すぐにThreadsをはじめられる

Xのような感覚で、テキストや画像、
動画を共有できる

アクティブユーザーでXを瞬間的に上回る

サービス開始からわずか1年で月間アクティブユーザー数が1億7,500万人に到達。米国では一時的にXの日間アクティブユーザー数を上回ったという報告もあります。500文字までの投稿や5分以内の動画共有が可能で、Xに似た機能を持ちながら、より親しみやすい雰囲気が特徴です。

Xのように、ほかのユーザーと
コメントのやりとりができる

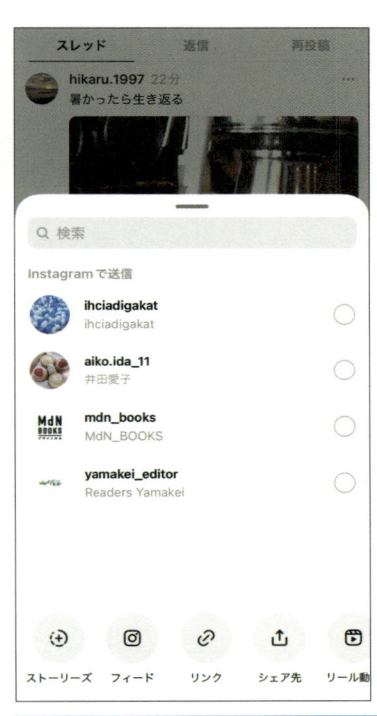

Xに似つつも、Instagramと連携して
いるので、ストーリーズに共有する
ことができる

1 基本

2 フォロー

3 写真の投稿

4 写真のコツ

5 動画

6 活用

7 Threads

8 投稿

9 安全な設定

HINT　ほかのSNSとの連携も計画

Threadsは、異なるSNS間でのデータ交換を可能にする標準規格「ActivityPub」の採用を計画しています。これにより、Threadsは「Mastodon」など、ほかのプラットフォームとの相互運用性を実現できる可能性があります。この取り組みは、インターネットのオープン化を促進し、ユーザーに特定のプラットフォームにしばられない自由を提供します。

Threadsでできることを知ろう

InstagramとシームレスにつながるSNS「Threads」は、テキスト、画像、動画を通じて、気軽にコミュニケーションを楽しめるプラットフォームです。Xに似た機能を持ちながら、独自の特徴も多く備えています。Threadsで実際に何ができるのか、その主要な機能とサービス内容を見ていきましょう。

多彩な投稿オプション

Threadsでは、500文字までのテキスト、画像、そして最長5分間の動画を投稿できます。リンクの共有も可能で、豊かな表現が楽しめます。また、ほかのユーザーの投稿に対して返信や［いいね］、リポスト（再投稿）ができ、活発な交流が可能です。

テキストを投稿できる

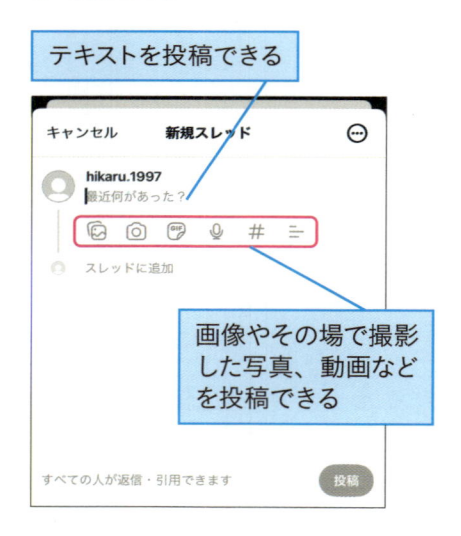

画像やその場で撮影した写真、動画などを投稿できる

Xのように画像や動画付きで投稿できる

HINT 画像は10枚添付可能

投稿には最大10枚の画像を添付できます。左右にスワイプして閲覧できるカルーセル方式で表示されます。

Instagramとの連携

Instagramアカウントを使ってログインし、フォロワーを簡単に引き継げます。プロフィールやユーザー名も同期できるため、これからThreadsをはじめる人もスムーズなスタートを切ることができます。また、投稿を直接Instagramストーリーズに共有できる機能も搭載。両プラットフォームを効果的に活用できます。

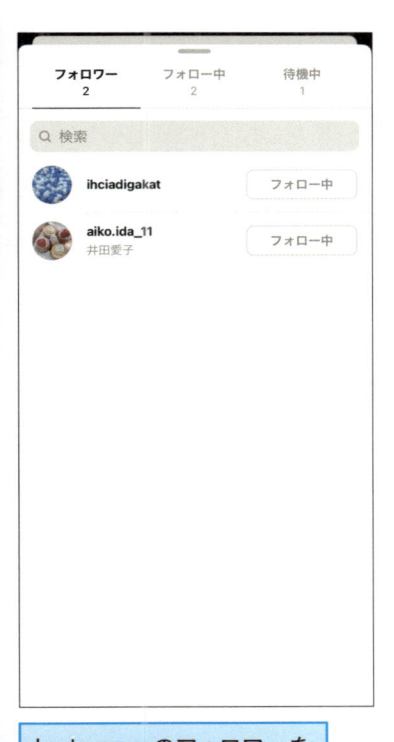

Instagramのフォロワーを
引き継げる

プロフィールやユーザー名を
同期できる

1 基本

2 フォロー

3 写真の投稿

4 写真のコツ

5 動画

6 活用

7 Threads

8 投稿

9 安全な設定

HINT ThreadsにはDMがない？

Threadsには現在、ダイレクトメッセージ（DM）機能が搭載されていません。ユーザー同士の個人的なメッセージのやりとりは、連携しているInstagramアプリのDM機能を利用する必要があります。

083

Threadsをはじめる

Threadsのインストールと初期設定をしよう

ここではThreadsをはじめるための手順を紹介していきます。Instagramアカウントを持っていれば、スマートフォンにアプリをインストールし、Instagramのアカウントを選択、後は公開範囲やフォローするアカウントの設定などを行うことですぐに利用を開始することができます。

第7章

Threadsを使いはじめよう

InstagramのアカウントでThreadsにログインする

1 [Threads]アプリを起動する

ワザ003を参考に [Threads] アプリをインストールしておく

[Threads]を**タップ**

HINT 違うアカウントでログインするには

違うInstagramアカウントに切り替えたい場合は [アカウントを切り替える] をタップすれば可能です。

手順2の画面で [アカウントを切り替える]をタップしておく

[他のInstagramアカウントでログイン]を**タップ**

他のInstagramアカウントでログイン

ログインしておく

2 アカウントを選択する

ここではInstagramのアカウントを選択する

Instagramのアカウントを**タップ**

[Instagramでログイン]と表示されたときは、タップしてログインしておく

3 プロフィールの公開範囲を設定する

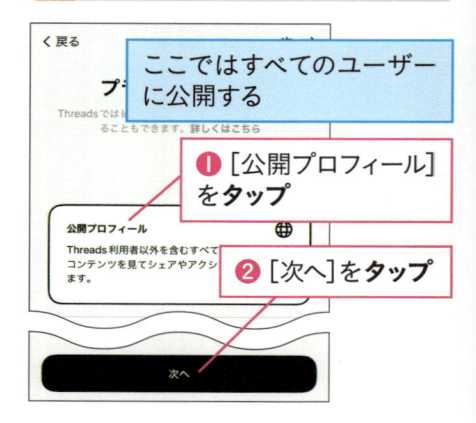

ここではすべてのユーザーに公開する

❶ [公開プロフィール]を**タップ**

❷ [次へ]を**タップ**

4 フォローするアカウントを選択する

Instagramでフォローしているユーザーの一覧が表示された

[フォロー]をタップするとフォローするユーザーを選択できる

[すべてフォロー]を**タップ**

5 Threadsの利用を開始する

Threadsについての解説が表示された

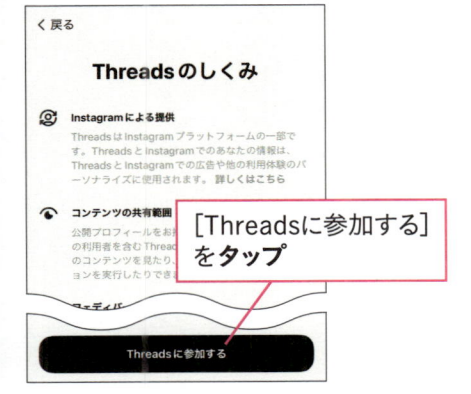

[Threadsに参加する]を**タップ**

6 通知を許可する

ここでは通知を許可する

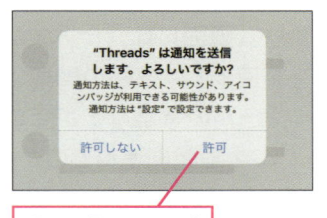

[許可]を**タップ**

7 Threadsのホーム画面が表示された

ほかのユーザーの投稿が表示された

HINT プロフィールとフォロワーを自動で引き継ぎ

Threadsは、Instagramのプロフィールとフォロワーリストを自動的に引き継ぎます。新たにイチからアカウントを作る手間がなく、すぐになじみのある環境ではじめられます。

1 基本

2 フォロー

3 写真の投稿

4 写真のコツ

5 動画

6 活用

7 Threads

8 投稿

9 安全な設定

084

Threadsをはじめる

Threadsの画面を確認しよう

Threadsのホーム画面には、5つの主要な機能を表すアイコンがあります。これらのアイコンを使って、投稿の閲覧、検索、新しい投稿の作成、通知の確認、自分のプロフィールの管理などができます。ここでは、それぞれのアイコンが何を意味し、どんな画面に進めるのかを簡単に説明します。

第7章

Threadsを使いはじめよう

［Threads］アプリの画面構成

❶［ホーム］画面
最新の投稿やフォロー中のユーザーの更新を表示する

❷［検索］画面
ユーザーやトピックを検索できる

❸［新規スレッド］画面
新しい投稿を作成し、共有する

❹［アクティビティ］画面
自分の投稿への反応や通知を確認できる

❺［プロフィール］画面
自分のプロフィールや過去の投稿を管理できる

❶［ホーム］画面

スレッドが表示される

［おすすめ］と
［フォロー中］で
切り替えられる

❷［検索］画面

アカウント名を検索したり、キーワードでスレッドを検索したりできる

❸［新規スレッド］画面

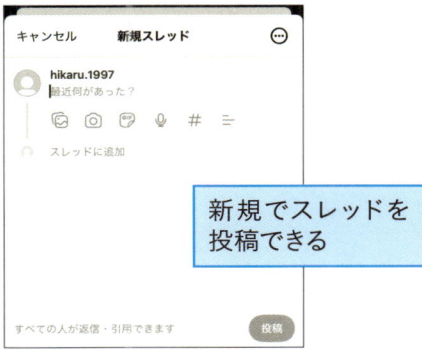

新規でスレッドを
投稿できる

❹［アクティビティ］画面

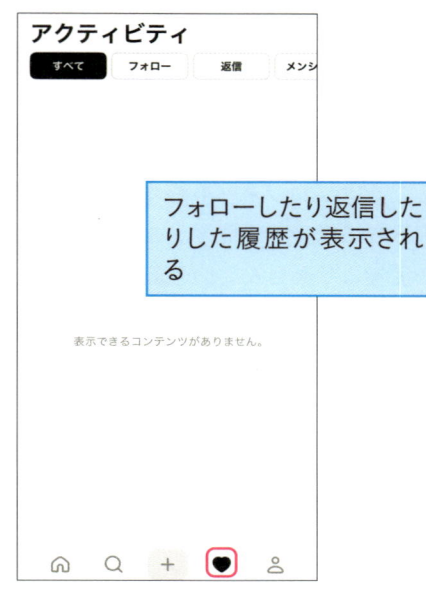

フォローしたり返信したりした履歴が表示される

❺［プロフィール］画面

自分のプロフィールと投稿の
一覧が表示される

1 基本

2 フォロー

3 写真の投稿

4 写真のコツ

5 動画

6 活用

7 Threads

8 投稿

9 安全な設定

085

Threadsをはじめる

Threadsのプロフィールを編集しよう

Threadsでの自己表現を豊かにするために、プロフィールの編集は重要です。ここではプロフィール画像の設定や自己紹介文の編集など、自分らしさを表現する方法を紹介します。あなたの個性を生かしたプロフィールで、Threadsでの交流をより楽しんでいきましょう。

第7章　Threadsを使いはじめよう

1 ［プロフィール］画面を表示する

ワザ083を参考に［Threads］アプリを起動しておく

ここを**タップ**

2 プロフィールの編集を開始する

［プロフィール］画面が表示された

［プロフィールを編集］を**タップ**

3 プロフィール画像を設定する

ここではInstagramで使っていたプロフィール画像を使う

❶ここを**タップ**

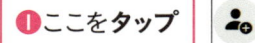

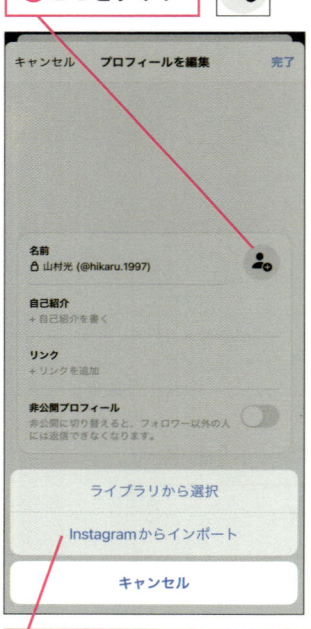

❷ ［Instagramからインポート］を**タップ**

Instagramで使っていたプロフィール
画像に変更された

❶[自己紹介]を**タップ**

❷自己紹介の文章
を**入力**

❸[完了]を
タップ

自己紹介の文章が
変更された

[完了]を
タップ

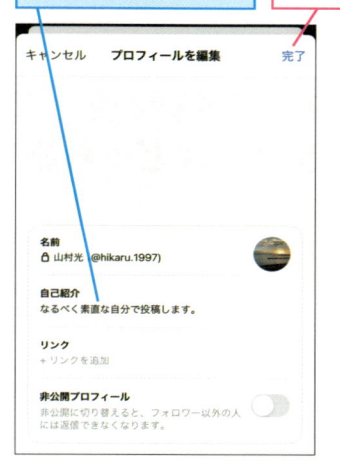

編集した内容が反映された

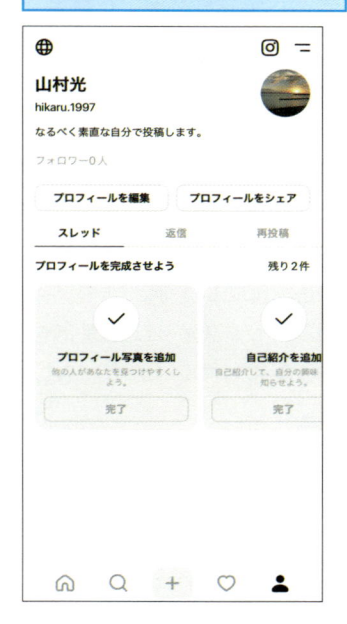

1 基本

2 フォロー

3 写真の投稿

4 写真のコツ

5 動画

6 活用

7 Threads

8 投稿

9 安全な設定

COLUMN

新旧SNS対決！ ThreadsとX、あなたはどっち派？

2023年に登場した「Threads」と長年の定番「X（旧Twitter）」。両者は共に短文投稿型のコミュニケーションプラットフォームですが、その特徴には興味深い違いがあります。

Threadsの最大の特徴は、Instagramとの密接な連携です。既存のInstagramフォロワーをそのまま活用できるため、新規ユーザーでもすぐに活発なコミュニティに参加できます。一方、Xは独立したエコシステムを持ち、幅広いトピックについての議論や情報共有が盛んです。

Threadsは日常的な会話や個人的な共有を促す傾向があり、多くのユーザーがより親密な交流を楽しんでいます。一方、Xはニュース速報や社会的な議論も活発で、時にはより広範囲なトピックについての意見交換の場となることがあります。ただし、実際の利用体験は個々のユーザーのフォロワーや関心事によって大きく異なる可能性があります。

また、機能面ではXが長年の進化を経て多機能化しているのに対し、Threadsはシンプルさを保ちつつ、徐々に新機能を追加しています。

両プラットフォームの進化を見守りつつ、自分に合った使い方を見つけていくのもおもしろいかもしれません。

第8章

Threadsに投稿して
楽しもう

086

投稿して交流する

Threadsに投稿してみよう

Threadsでの投稿は新規スレッド画面から簡単に行えます。あなたの考えや日常の1コマを気軽に共有してみましょう。テキストだけでなく画像や動画を加えて表現の幅を広げることもできます。ここでは、投稿の手順と、投稿後の確認方法を紹介します。さっそく最初の投稿をしてみましょう。

Threadsに投稿する

1 [新規スレッド]画面を表示する

ワザ083を参考に[Threads]アプリを起動しておく

ここを**タップ**

2 新規スレッドを投稿する

[新規スレッド]画面が表示された

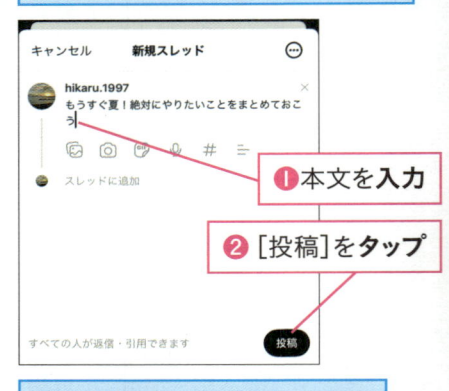

❶本文を**入力**

❷[投稿]を**タップ**

「投稿されました」と表示された

投稿したスレッドを確認する

1 プロフィール画面を表示する

プロフィール画面を表示しておく

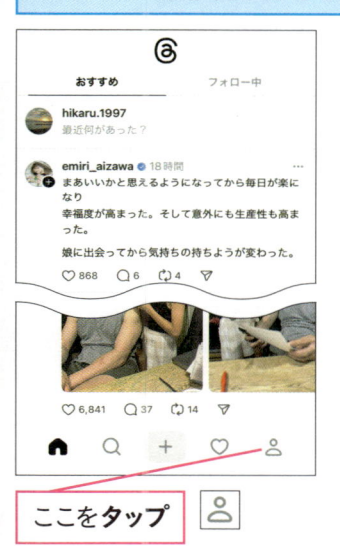

ここを**タップ**

2 自分の投稿が表示された

自分の投稿の一覧が表示された

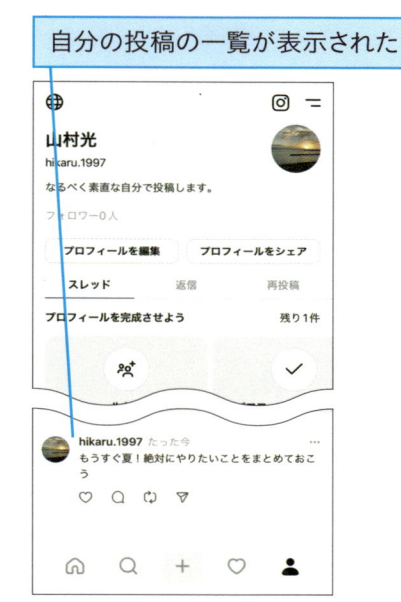

---

1 基本

2 フォロー

3 写真の投稿

4 写真のコツ

5 動画

6 活用

7 Threads

8 投稿

9 安全な設定

HINT 写真や動画を投稿するには

写真や動画を投稿するには、新規スレッド画面で画像をタップします。カメラロールから選択するか、その場で撮影した写真や動画を添付できます。複数のメディアを追加することも可能です。

[新規スレッド]画面を表示しておく

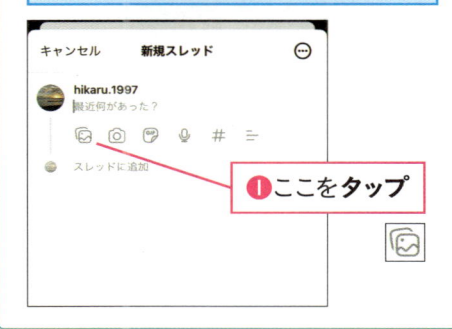

❶ここを**タップ**

❷投稿する写真を**タップ**

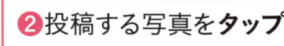

❸[追加]を**タップ**

このワザを参考にスレッドを投稿しておく

087

投稿して交流する

[いいね！]やコメントを付けよう

Threadsでの交流を深めるには、［いいね！（❤️）］とコメント機能の活用が鍵となります。［いいね！］はタップするだけで素早く共感を示せる一方、コメントはより詳細な反応や対話を可能にします。もちろん［いいね！］とコメントを両方付けてもかまいませんが、やりすぎには注意しましょう。

投稿に［いいね！］を付ける

1 ［いいね！］を付ける

投稿を表示しておく

ここを**タップ** ♡

2 ［いいね！］が付けられた

ハートマークの色が変わった ❤️

投稿にコメントを付ける

1 [返信]画面を表示する

投稿を表示しておく

ここを**タップ**

2 コメントを入力する

[返信] 画面が
表示された

❶コメントを
入力

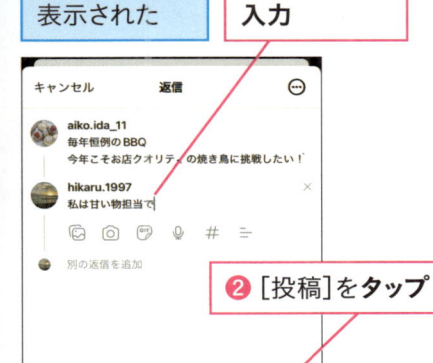

❷ [投稿]を**タップ**

3 投稿したコメントを表示する

[投稿されました]と表示された

投稿を**タップ**

投稿したコメントが表示された

1 基本

2 フォロー

3 写真の投稿

4 写真のコツ

5 動画

6 活用

7 Threads

8 投稿

9 安全な設定

088

投稿して交流する

フォローしている人の投稿だけ見るには

Threadsでは、自分の興味に合わせた投稿を効率的に見ることができます。ユーザーをフォローし、「フォロー中」の投稿だけを表示させれば、関心のある情報に集中できるのです。ここでは、ユーザーのフォロー方法と、フォローしている人の投稿だけを見る方法をご紹介します。

フォローする

1 [検索]画面を表示する

ここを**タップ**

2 検索キーワードを入力する

[検索]画面が表示された　　ここを**タップ**

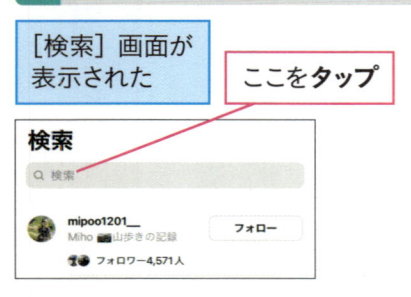

3 フォローする

❶ユーザーのIDを入力する　　❷[フォロー]を**タップ**

[フォロー中]と表示された

フォローしているユーザーの投稿を表示する

1 ホーム画面の表示を切り替える

ホーム画面を表示しておく

[フォロー中]を**タップ**

2 ホーム画面の表示が切り替わった

フォローしているユーザーの投稿だけが表示された

HINT 投稿からフォローするには

気に入った投稿を見つけたら投稿者の名前をタップしてみましょう。表示されたプロフィール画面で［フォロー］ボタンをタップすればその人をフォローできます。タイムラインを見ながら簡単にフォローを増やせますよ。

❶ ユーザーの名前を**タップ**

❷ [フォロー]を**タップ**

1 基本
2 フォロー
3 写真の投稿
4 写真のコツ
5 動画
6 活用
7 Threads
8 投稿
9 安全な設定

COLUMN

なぜMetaは複数のSNSアプリを運営しているのか

Metaは、Facebook、Instagram、WhatsApp、Threadsなど、それぞれ異なる特徴を持つ複数のSNSアプリを展開しています。

Facebookは幅広い年齢層向けの総合的なSNS、Instagramは写真や動画を中心とした視覚的なコンテンツに特化しています。また、WhatsAppはプライベートなメッセージングに、Threadsは短文での気軽な交流に適しています。

人々のコミュニケーション方法はさまざまで、状況によって使いたいアプリも変わります。Metaがこれらのアプリを運営する主な理由は、多様なユーザーニーズに応えるためでしょう。複数のアプリを提供することで、Metaはより多くのユーザーを獲得し、SNS市場での影響力を強化しています。

また、各アプリから得られるデータは、サービス改善や広告最適化に活用されています。アプリ間の機能連携により、ユーザー体験も向上しています。

この戦略により、Metaは変化する社会のニーズに対応し、市場競争力を維持しています。ユーザーにとっても、目的に合わせてアプリを選べる利点があり、より豊かなコミュニケーション体験が可能になっています。

第 9 章

InstagramとThreadsを
もっと安全に使おう

089

プライバシーに注意する

特定の人からフォローされないようにするには

特定のユーザーに写真を見られたくないときはブロックしてしまいましょう。ここではInstagramの手順を紹介しますが、InstagramとThreadsのブロック機能は連動しているので、片方でブロックすればもう片方もブロックした状態になります。なお、ブロックしたことは相手に通知されません。

迷惑ユーザーをブロックする

1 フォロワーの一覧を表示する

ワザ005を参考にプロフィール画面を表示しておく

[フォロワー]を**タップ**

2 ブロックするユーザーのプロフィールを表示する

フォロワーの一覧が表示された

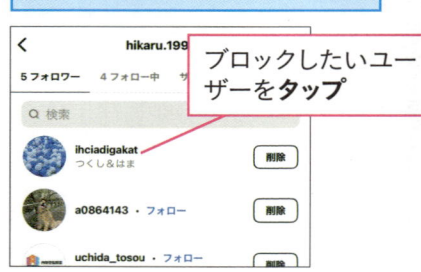

ブロックしたいユーザーを**タップ**

3 ブロックをはじめる

ブロックしたいユーザーのプロフィールが表示された

ここ（Androidでは :）を**タップ**

4 ブロックする

メニューが表示された

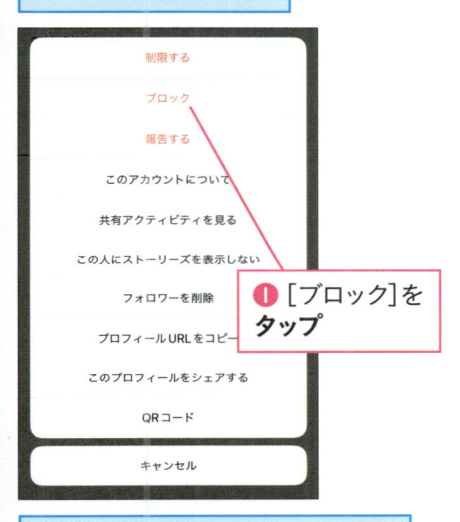

制限する

ブロック

報告する

このアカウントについて

共有アクティビティを見る

この人にストーリーズを表示しない

フォロワーを削除

プロフィールURLをコピー

このプロフィールをシェアする

QRコード

キャンセル

❶ [ブロック]を
タップ

ここでは、選択したアカウントと
同じユーザーが作成する新しいア
カウントの両方をブロックする

**ihciadigakat をブロックし
ますか？**

この人が保有している別のアカウント、または今後作
成するアカウントもブロックされます。

🚫 この人は、Instagram上であなたへのメッセージ
送信や、あなたのプロフィールやコンテンツの検
索ができなくなります。

🚫 ブロックしたことは相手に通知されません。

⚙ 設定でいつでもこの人のブロックを解除できま
す。

ブロック

❷ [ブロック]を**タップ**

5 フォローが解除されたことを確認する

ブロックが完了した

[ブロックを解除] と
表示された

< ihciadigakat ···

0 1 1
投稿 フォロワー フォロー中

つくし&はま

ⓢ ihciadigakat

ブロックを解除 メッセージ

投稿はまだありません

自分のフォローおよび相手からの
フォローが解除された

HINT ブロックするとどうなる？

ブロックすると、その人はあなた
の写真を表示したり、プロフィー
ルを検索できなくなります。ただ
し、ハッシュタグで検索された
写真が表示されてしまうことはあ
りますが、[いいね！] やコメン
トはできません。

次のページに続く——>

1 基本

2 フォロー

3 写真の投稿

4 写真のコツ

5 動画

6 活用

7 Threads

8 投稿

9 安全な設定

HINT ブロックしているユーザーを確認するには

あるユーザーをブロックすると、その人の名前で検索しても検索結果に表示されなくなります。ブロックを解除したい場合などに、ブロックしているユーザーを確認したいときは、[設定] → [設定とアクティビティ]画面の [ブロックされているアカウント] から確認することができます。

> 36ページのHINTを参考に [設定とアクティビティ]画面を表示しておく

❶画面を上にスワイプ

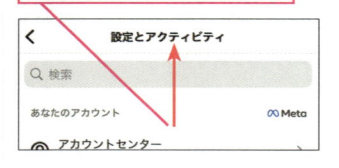

❷ [ブロックされているアカウント]を**タップ**

> ブロックしているユーザーが表示され、タップしてプロフィールを確認できる

HINT ブロックを解除するには

ブロックを解除するときは、このワザの手順とほぼ同じ操作で解除できます。上のHINTを参考に、ブロックしている人を表示して、[ブロックを解除]を選択します。

❶ [ブロックを解除]を**タップ**

❷ [ブロックを解除]を**タップ**

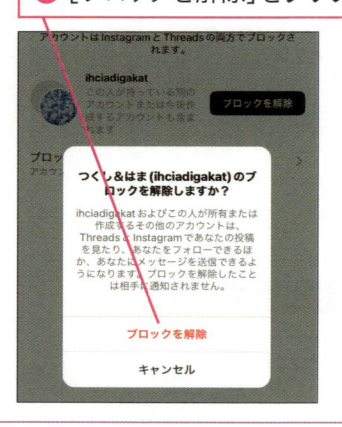

090

プライバシーに注意する

フォローを承認制にするには

友達以外に写真や動画を見られたくない場合は［アカウントのプライバシー］画面で［非公開アカウント］（Threadsは［プライバシー設定］→［非公開プロフィール］）をオンにしてフォローを承認制にできます。ほかのユーザーがあなたの写真を見たい場合にはフォローリクエストを出すことが必要になります。

フォローを承認制にする

1 ［アカウントのプライバシー］画面を表示する

36ページのHINTを参考に［設定とアクティビティ］画面を表示しておく

［アカウントのプライバシー］をタップ

2 アカウントを非公開にする

❶［非公開アカウント］のここを**タップ**

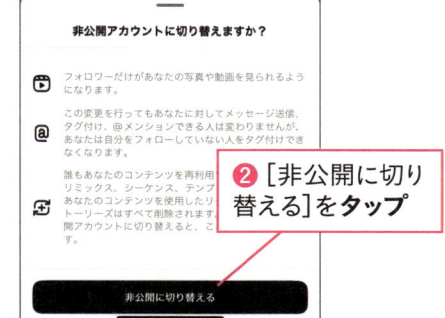

❷［非公開に切り替える］を**タップ**

HINT ほかのSNSでのシェアに注意

フォローを承認制にすると、Instagram内では承認されたユーザーしかあなたの写真を見ることができなくなります。しかし、投稿時に連携機能を使って写真をFacebookやXにシェアした場合は、承認したユーザー以外にも写真が見られてしまうので注意しましょう。

次のページに続く━━▶

右端見出し：
1 基本
2 フォロー
3 写真の投稿
4 写真のコツ
5 動画
6 活用
7 Threads
8 投稿
9 安全な設定

非公開のユーザーにフォローリクエストを送る

1 フォローリクエストを送る

投稿を非公開にしているユーザーの
プロフィールには［このアカウントは
非公開です］と表示される

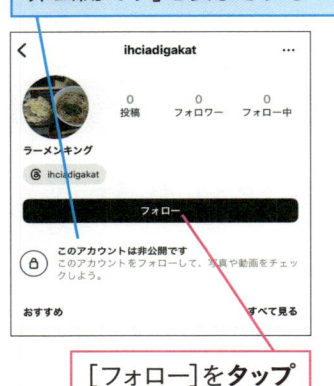

［フォロー］を**タップ**

2 承認を待つ

［リクエスト済み］と表示された

相手が承認するとフォローが
実行される

フォローリクエストを承認する

1 フォローリクエストを確認する

ホーム画面を表示しておく

ここを**タップ**

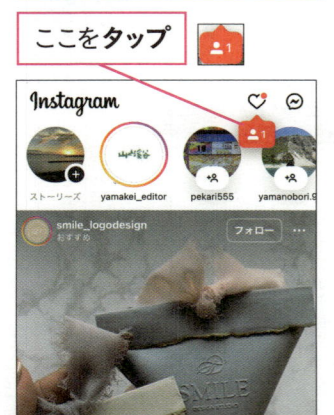

2 フォローリクエストを承認する

フォローリクエストの一覧が
表示された

承認するには［確認］を**タップ**

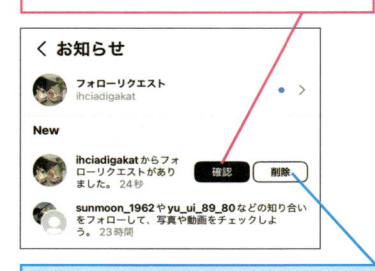

却下するときは［削除］をタップする

フォローリクエストが承認される

091

プライバシーに注意する

自分に付けられたタグを
削除するには

拡散されたくない写真にタグ付けされてしまったり、ほかのユーザーの写真に間違えてタグ付けされてしまったりした場合は、個別に削除できます。その際、タグ付けしたユーザーにダイレクトメッセージでひと言消したことを伝えておくといいでしょう。なお、Threadsには写真にタグ付けする機能はありません。

自分が写っている写真からタグを削除する

1 自分がタグ付けされた写真を表示する

ワザ005を参考にプロフィール画面を表示しておく

❶ここを**タップ**

自分が写っている写真の一覧が表示された

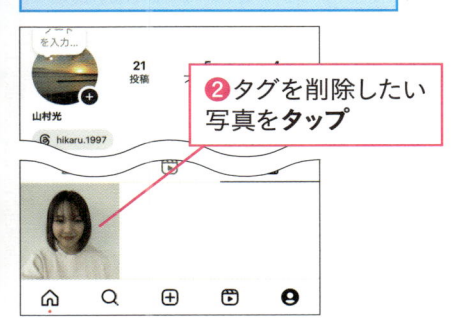

❷タグを削除したい写真を**タップ**

2 写真にタグを表示する

自分が写った写真が表示された

❶写真を1回**タップ**

タグが表示される

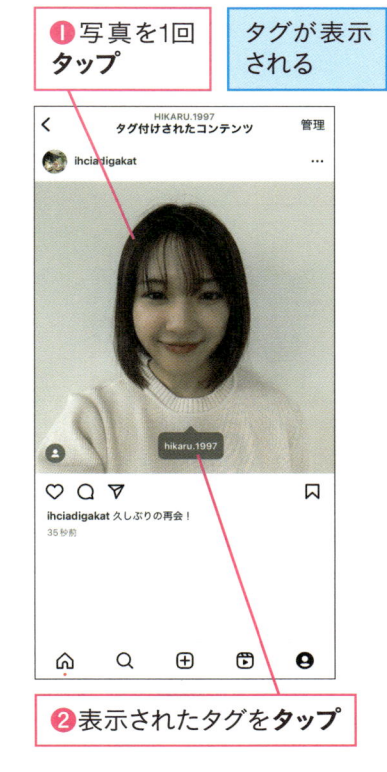

❷表示されたタグを**タップ**

次のページに続く⟶

1 基本

2 フォロー

3 写真の投稿

4 写真のコツ

5 動画

6 活用

7 Threads

8 投稿

9 安全な設定

3 タグに対する操作を選択する

写真に対する操作を選択する
メニューが表示された

[投稿から自分を削除]を**タップ**

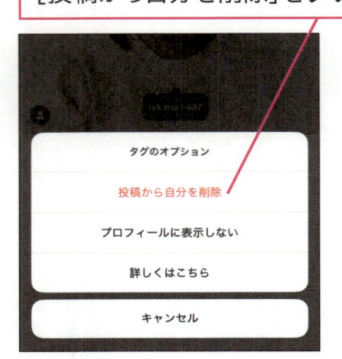

4 タグを削除する

確認画面が表示された

Androidは手順3の操作で
タグが削除される

[削除]（Androidでは［はい］）
を**タップ**

タグが削除される

092

不適切な写真を報告するには

わいせつな写真や残酷な写真、差別的な写真など、Instagramで不適切な写真を見つけたらすぐに運営に報告しましょう。ただし、不適切かどうかの判断は運営が独自の基準で行うので、報告すれば必ず非公開になるとは限りません。なお、Threadsの場合、写真ではなく投稿単位で報告できます。

不適切な写真を報告して理由を選択する

1 不適切な写真の報告を開始する

不適切な写真を表示しておく

❶ここ（Androidでは⋮）を
タップ

・・・

❷[報告する]（Androidでは [報告]）
を**タップ**

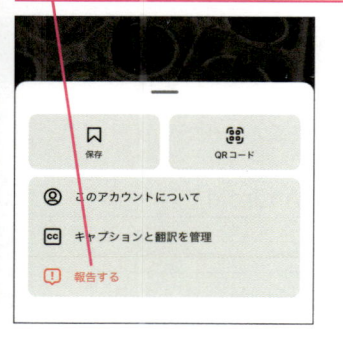

2 理由を選択する

不適切だと思われる理由の一覧が
表示された

理由を**タップ**

> **報告**
>
> **この投稿を報告する理由**
> 知的財産権の侵害を報告する場合を除き、報告は匿名で行われます。差し迫った危険に直面する人がいる場合は、今すぐ地域の警察または消防機関に緊急通報してください。
>
> 単に気に入らない　＞
>
> スパムである　＞
>
> ヌードまたは性的行為　＞
>
> ヘイトスピーチまたは差別的なシンボル　＞
>
> 虚偽の情報　＞

不適切な写真が報告される

HINT　スパム写真を報告する

広告目的の意味のない写真など、内容的に不適切ではなくても、迷惑な写真であれば「スパム」として報告ができます。

1 基本
2 フォロー
3 写真の投稿
4 写真のコツ
5 動画
6 活用
7 Threads
8 投稿
9 安全な設定

アカウントを管理する

ユーザーネームを変更するには

Instagramで最初に設定したユーザーネームは、［プロフィールを編集］画面からいつでも変更できます。変更してもそれまでの投稿は削除されません。ただし、すでにほかの人が利用しているユーザーネームは使用できません。なお、Threadsの名前とユーザーネームもInstagram側から変更することになります。

プロフィール編集画面でユーザーネームを変更する

1 ［プロフィールを編集］画面を表示する

ワザ005を参考にプロフィール画面を表示しておく

［プロフィールを編集］を**タップ**

2 ［ユーザーネーム］画面を表示する

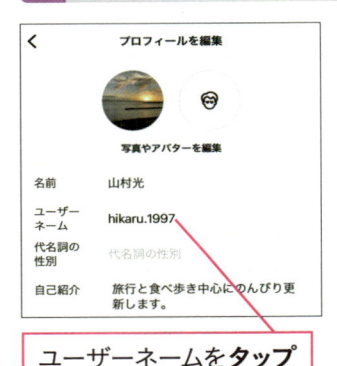

ユーザーネームを**タップ**

3 ユーザーネームを変更する

❶ここをタップして新しいユーザーネームを**入力**

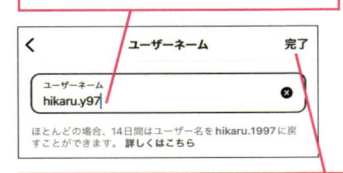

❷［完了］（Androidでは☑）を**タップ**

ユーザーネームが変更される

HINT 元のユーザーネームに戻すには

変更したユーザーネームは、同様の手順で元のユーザーネームに戻すことが可能です。ただし、変更している間に元のユーザーネームがほかの人に使われてしまっていたら、その名前を使うことはできなくなります。変更は慎重に行いましょう。

アカウントを管理する

パスワードを忘れてしまったときは

パスワードを忘れてInstagramやThreadsにログインできなくなった場合は、登録した携帯電話番号を入力し、SMSでコードを入手することでログインできます。そのときに新しいパスワードを設定することになります。なお、ログインしている別のデバイスからコードを取得することも可能です。

メールを送信してパスワードをリセットする

1 ログイン画面を表示する

［ログイン］を**タップ**

2 ［アカウントを検索］画面を表示する

ログイン画面が表示された

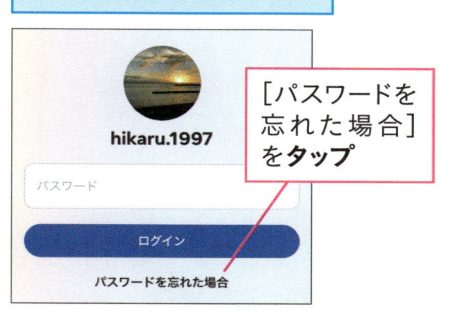

［パスワードを忘れた場合］を**タップ**

3 電話番号を入力する

［アカウントを検索］画面が表示された

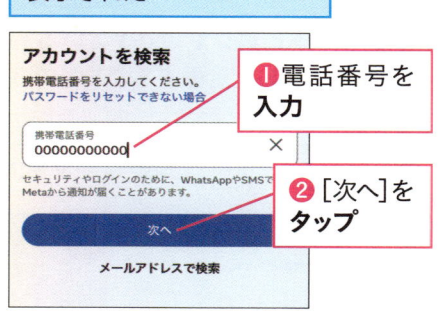

❶電話番号を入力

❷［次へ］を**タップ**

1 基本

2 フォロー

3 写真の投稿

4 写真のコツ

5 動画

6 活用

7 Threads

8 投稿

9 安全な設定

次のページに続く →

4 ログイン方法を選択する

ここではSMSでコードを
受信する

❶ [Get code or link via SMS]
をタップ

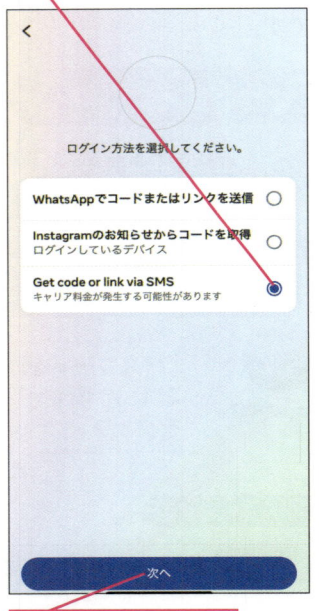

❷ [次へ]をタップ

5 コードを入力する

手順3で入力した電話番号に届
いたSMSを確認しておく

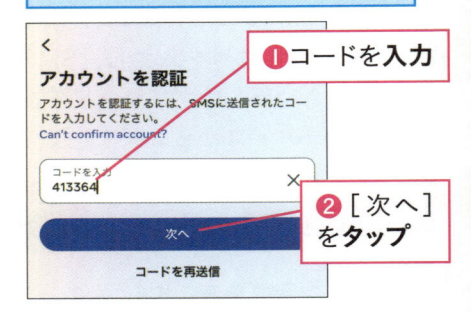

❶ コードを入力

アカウントを認証
アカウントを認証するには、SMSに送信されたコー
ドを入力してください。
Can't confirm account?

コードを入力
413364

❷ [次へ]
をタップ

次へ

コードを再送信

6 新しいパスワードを設定する

❶ 新しいパスワードを入力

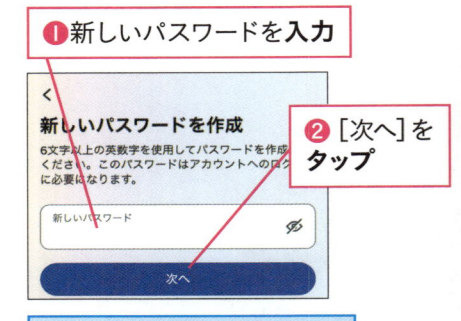

新しいパスワードを作成
6文字以上の英数字を使用してパスワードを作成
ください。このパスワードはアカウントへのログ
に必要になります。

新しいパスワード

❷ [次へ]を
タップ

次へ

Instagramにログインできる

HINT パスワードを変えるには

アカウントにログインできている場合は、[アカウントセンター]でいつで
もパスワードを変更することができます。

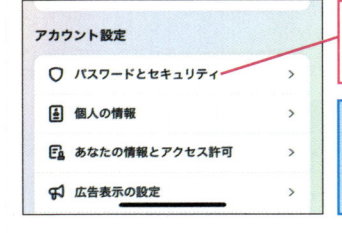

アカウント設定

⭕ パスワードとセキュリティ >

📖 個人の情報 >

📇 あなたの情報とアクセス許可 >

📢 広告表示の設定 >

[パスワードとセキュリティ]を
タップ

[パスワードを変更]をタップして、表示
された画面でアカウントをタップして選
択するとパスワードを変更できる

複数のアカウントを切り替えて使うには

Instagramでは複数のアカウントを使用できるので、趣味用と家族用など用途によって使い分けできます。一度アカウントを追加すれば、ワンタップで簡単にアカウントを切り替えられます。なお、Threadsで追加したInstagramアカウントを使用したい場合は [プロフィールの追加] をする必要があります。

別のアカウントでInstagramにログインする

1 アカウントの追加を開始する

36ページのHINTを参考に [設定とアクティビティ] 画面を表示しておく

❶画面を上に**スワイプ**

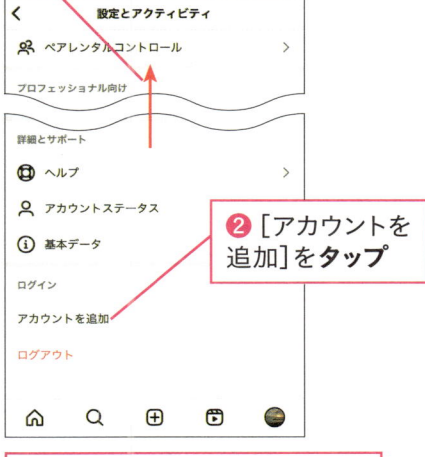

❷ [アカウントを追加] を**タップ**

❸ [新しいアカウントを作成] を**タップ**

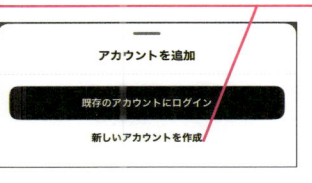

2 ユーザーネームを設定する

[ユーザーネームを作成] 画面が表示された

❶ユーザーネームを**入力**

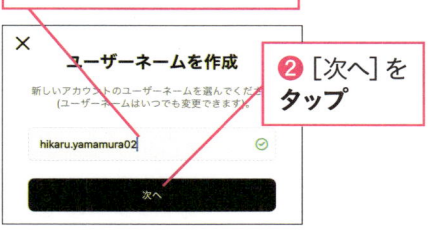

❷ [次へ] を**タップ**

3 パスワードを設定する

[パスワードを作成] 画面が表示された

❶パスワードを**入力**

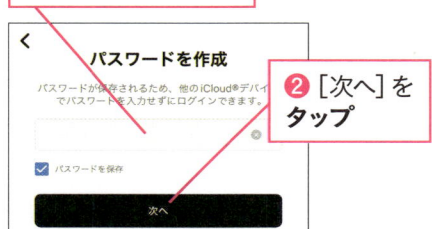

❷ [次へ] を**タップ**

次のページに続く →

1 基本

2 フォロー

3 写真の投稿

4 写真のコツ

5 動画

6 活用

7 Threads

8 投稿

9 安全な設定

4 アカウントの作成を完了する

[登録を完了]を**タップ**

画面の指示に従って、連絡先の
同期やFacebookとの連携など
を設定しておく

5 別のアカウントに切り替わった

別のアカウントのプロフィール画面
が表示された

ここをタップするとアカウントを
切り替えられる

HINT 投稿するアカウントに注意する

複数アカウントを切り替えて使っ
ている場合、投稿する際には画
面の上部に表示されているアカ
ウント名を確認し、いま自分が
どのアカウントで投稿しようとし
ているのか間違えないようにしま
しょう。

HINT 簡単にアカウントを切り替えるには

複数アカウントでログインすると、右下にログイン中のユーザーのアイコン
が表示されるようになります。このアイコンをロングタッチすることで、アカ
ウントを簡単に切り替えることができます。

❶ここを**ロングタッチ**

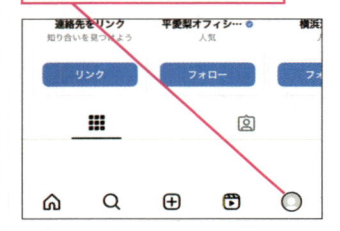

ログイン中のアカウントが表示された

❷ユーザーネームを**タップ**

アカウントが切り替わる

096 アカウントを管理する

ログアウトするには

InstagramやThreadsでアカウントからログアウトしたいときは、［設定とアクティビティ］画面の一番下から［ログアウト］をタップします。ログイン情報が登録されていない場合、［保存］をタップすれば、次回からパスワードなしでもログインできるようになります。登録したくない場合は［後で］をタップしましょう。

ログアウトする

1 ［設定とアクティビティ］画面でログアウトする

36ページのHINTを参考に［設定とアクティビティ］画面を表示しておく

❶画面を上に**スワイプ**

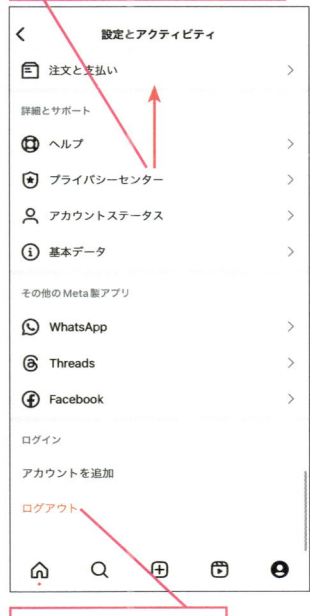

❷［ログアウト］を**タップ**

2 ログイン情報を保存する

「ログイン情報を保存しますか?」と表示された

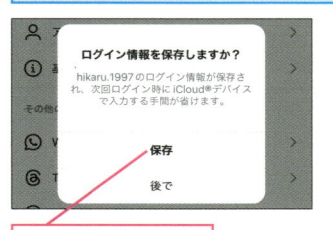

［保存］を**タップ**

3 ログイン情報が保存された

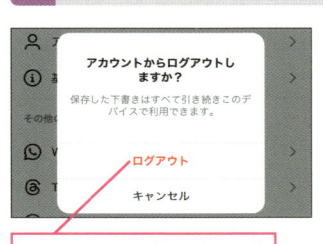

［ログアウト］を**タップ**

次回は保存された情報でログインできる

1 基本
2 フォロー
3 投稿の写真
4 写真のコツ
5 動画
6 活用
7 Threads
8 投稿
9 安全な設定

097

アカウントを管理する

アカウントを完全に
削除するには

Instagram（Threads）のアカウントは、Instagramの［アカウントセンター］から削除できます。一度アカウントを削除すると、これまで投稿した写真やコメント、［いいね！］もすべて削除されてしまい二度と復活できません。写真を削除したくない場合は［アカウントの利用解除］を選べば一時的に休止できます。

アカウントを削除する

1 ［個人の情報］画面を表示する

36ページのHINTを参考に［設定とアクティビティ］画面を表示しておく

❶ ［アカウントセンター］をタップ

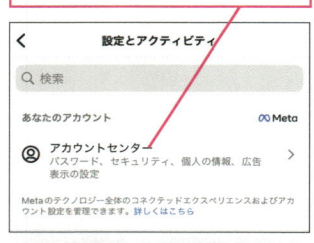

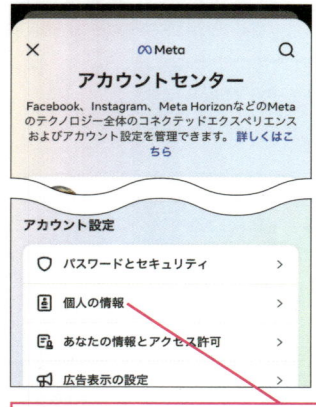

❷ ［個人の情報］をタップ

2 アカウントの削除を開始する

［個人の情報］画面が表示された

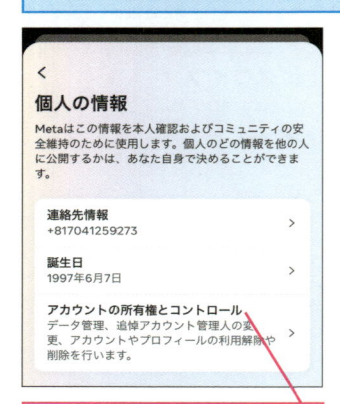

❶ ［アカウントの所有権とコントロール］をタップ

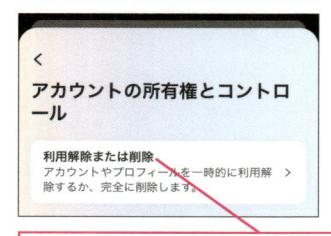

❷ ［利用解除または削除］をタップ

3 削除するアカウントを選択する

[利用解除または削除] 画面が
表示された

アカウントを**タップ**

4 削除するか利用解除するかを選択する

ここではアカウントを完全
に削除する

[アカウントの利用解除] を
選択すると、一時的にアカ
ウントを休止できる

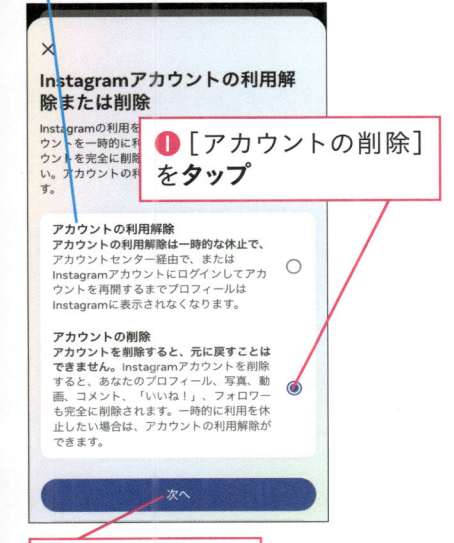

❶ [アカウントの削除]
を**タップ**

❷ [次へ]を**タップ**

5 アカウントの削除を実行する

表示された画面でアカウントを
削除する理由を選択し、[次へ]
をタップしておく

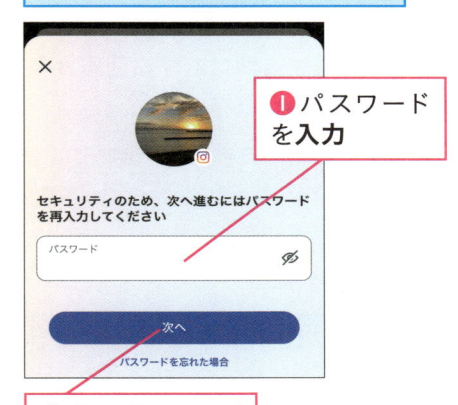

❶ パスワード
を**入力**

❷ [次へ]を**タップ**

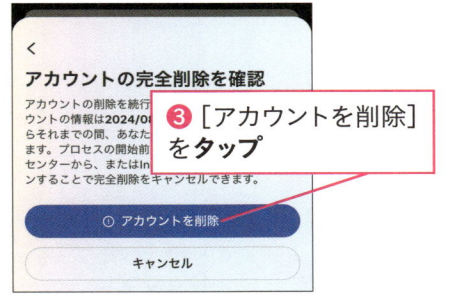

❸ [アカウントを削除]
を**タップ**

HINT やっぱりアカウントを削除したくない!

アカウントの削除をリクエストし
ても、30日間の猶予期間があり
ます。この期間内にログインす
れば、削除プロセスがキャンセ
ルされ、アカウントが復活しま
す。30日を過ぎると完全に削除
され、復元できなくなるので注
意が必要です。

1 基本
2 フォロー
3 写真の投稿
4 写真のコツ
5 動画
6 活用
7 Threads
8 投稿
9 安全な設定

098

ヘルプを利用する

困ったことをヘルプで調べるには

本書を読んでもわからないことがあれば、［設定］画面からヘルプセンターを表示し、質問に関するキーワードを入れて検索してみましょう。［よくある質問］には一般的な質問に対する回答が集められているので、最初にひと通り読んでおくのもいいでしょう。

第9章　InstagramとThreadsをもっと安全に使おう

困ったことをヘルプセンターで調べる

1 ［ヘルプ］画面を表示する

36ページのHINTを参考に［設定とアクティビティ］画面を表示しておく

❶画面を上に**スワイプ**

❷［ヘルプ］を**タップ**

2 ヘルプセンターにアクセスする

［ヘルプ］画面が表示された

［ヘルプセンター］を**タップ**

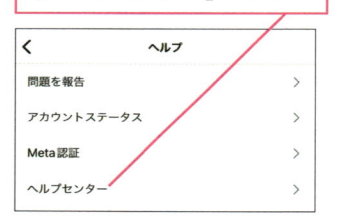

3 質問の入力を開始する

ヘルプセンターが表示された

ここでは困ったことのキーワードを入力して解決方法を検索する

ここを**タップ**

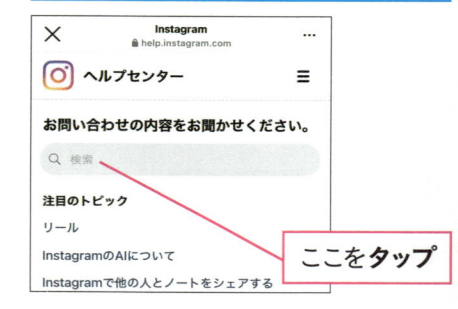

1 基本

2 フォロー

3 写真の投稿

4 写真のコツ

5 動画

6 活用

7 Threads

8 投稿

9 安全な設定

4 キーワードを入力する

❶ キーワードを入力

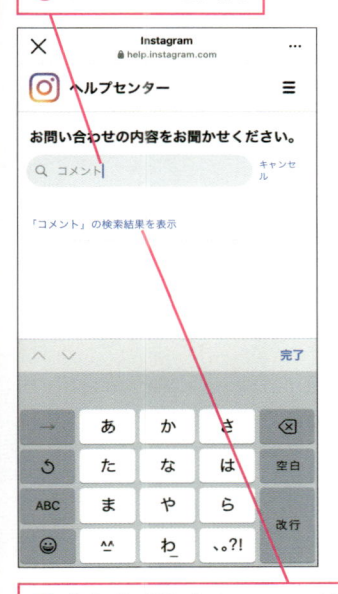

❷ [○○（検索キーワード）の検索結果を表示]を**タップ**

5 回答ページにアクセスする

回答の一覧が表示された

困っていることに近い内容の回答を**タップ**

6 回答が表示された

タップした質問の回答が表示された

HINT　最新情報やよくある質問を調べるには

手順3のヘルプセンターの画面は、下にスクロールすると［注目のトピック］の項目が表示されています。キーワードを検索しなくても、それぞれの項目をタップすると内容が調べられます。今後、新しい機能が追加された場合などに、わからないことがあればまずはここから調べるといいでしょう。

COLUMN

アカウントを削除する前に

Instagramの利用を中止したくなったときはワザ097の手順で
アカウントを削除できますが、投稿した写真もすべて見えな
くなってしまいます。念のため、投稿したすべてのデータを
ダウンロードしておくとよいでしょう。

ダウンロードするには［設定とアクティビティ］画面から［アク
ティビティ］→［個人データをダウンロード］を選択します。

情報の範囲、期間、写真や動画の品質、データ形式
（HTMLまたはJSON）を指定し［ファイルを作成］をクリック。
Instagramパスワードを入力します。

準備完了後、登録メールアドレスにダウンロードリンクが送
られるので、そこからダウンロードしましょう。

また、ワザ097のHINTにあ
るようにアカウントを一時的
に利用解除できるので、
迷っている場合はアカウン
トの削除よりも一時休止を
おすすめします。

本文を参考に［個人デー
タをダウンロード］を
タップしたら、取得す
る情報や取得方法を選
択する

［ファイルを作成］を
タップ

🔍 索引

■著者

田口和裕（たぐち かずひろ）

タイ在住フリーライター。ウェブサイト制作会社から2003年に独立。ソーシャルメディア、クラウドサービスなどのコンシューマー向けニュース・チュートリアル記事を中心にIT全般を対象に幅広く執筆。近年は生成AIに夢中。著書は『生成AI推し技大全 ChatGPT＋主要AI 活用アイデア100選』（インプレス・共著）など多数。

いしたにまさき

ブロガー・ライター・アドバイザー。2002年メディア芸術祭特別賞、第5回WebクリエーションアウォードWeb人ユニット賞受賞。著書も多数。2011年9月より内閣広報室・IT広報アドバイザー。同年アルファブロガー・アワード受賞。ネット発のカバンデザインも好調。ひらくPCバッグで2016年グッドデザイン賞受賞。Twitter @masakiishitani

STAFF

カバーデザイン	伊藤忠インタラクティブ株式会社
本文フォーマット	株式会社ドリームデザイン
DTP制作	柏倉真理子
編集／DTP	高木大地
校正	株式会社トップスタジオ
デザイン制作室	今津幸弘
	鈴木　薫
デスク	渡辺彩子
副編集長	田淵　豪
編集長	柳沼俊宏

■商品に関する問い合わせ先

このたびは弊社商品をご購入いただきありがとうございます。本書の内容などに関するお問い合わせは、下記のURLまたは二次元バーコードにある問い合わせフォームからお送りください。

https://book.impress.co.jp/info/

上記フォームがご利用いただけない場合のメールでの問い合わせ先
info@impress.co.jp

※お問い合わせの際は、書名、ISBN、お名前、お電話番号、メールアドレスに加えて、「該当するページ」と「具体的なご質問内容」「お使いの動作環境」を必ずご明記ください。なお、本書の範囲を超えるご質問にはお答えできないのでご了承ください。

●電話やFAXでのご質問には対応しておりません。また、封書でのお問い合わせは回答までに日数をいただく場合があります。あらかじめご了承ください。
●インプレスブックスの本書情報ページ https://book.impress.co.jp/books/1124101028 では、本書のサポート情報や正誤表・訂正情報などを提供しています。あわせてご確認ください。
●本書の奥付に記載されている初版発行日から3年が経過した場合、もしくは本書で紹介している製品やサービスについて提供会社によるサポートが終了した場合はご質問にお答えできない場合があります。

■落丁・乱丁本などの問い合わせ先
FAX　03-6837-5023
service@impress.co.jp
※古書店で購入された商品はお取り替えできません。

できるfit（フィット）

Instagram&Threads（インスタグラムアンドスレッズ） 基本（きほん）& やりたいこと98

2024年9月11日　初版発行

著　者　田口和裕（たぐちかずひろ）・いしたにまさき & できるシリーズ編集部（へんしゅうぶ）

発行人　高橋隆志

編集人　藤井貴志

発行所　株式会社インプレス
　　　　〒101-0051　東京都千代田区神田神保町一丁目105番地
　　　　ホームページ　https://book.impress.co.jp/

印刷所　株式会社広済堂ネクスト
ISBN978-4-295-02014-1 C3055

Printed in Japan